中等职业教育改革发展示范校建设规划教材

机 械 制 图

JIXIE ZHITU

● 杨春苹　王志强　主编 ● 张　蕾　副主编

U0376851

化学工业出版社

·北京·

本书是依据教育部 2014 年颁布的《中等职业学校机械加工技术专业教学标准》中"机械制图"课程的"主要教学内容和要求",并参照相关的国家职业技能标准编写而成。

本书主要内容包括制图基本知识及平面图形的绘制,基本几何体的投影,立体表面交线的投影作图,形体的轴测图,组合体视图的识读,机件表达方法的应用,机械图样的特殊表示法,零件图,零件图的测绘,装配图,金属结构图、焊接图和展开图等十一个项目。

本书可作为中等职业学校机械加工技术专业、机械制造技术专业及相关专业学生的教材,也可作为相应技术工种的岗位培训用书。

图书在版编目(CIP)数据

机械制图/杨春苹,王志强主编. —北京:化学工业
出版社,2015.8(2023.10 重印)
中等职业教育改革发展示范校建设规划教材
ISBN 978-7-122-24409-3

Ⅰ.①机… Ⅱ.①杨…②王… Ⅲ.①机械制图-中等
专业学校-教材 Ⅳ.①TH126

中国版本图书馆 CIP 数据核字(2015)第 138929 号

责任编辑:高 钰　　　　　　　　　　文字编辑:陈 喆
责任校对:吴 静　　　　　　　　　　装帧设计:刘丽华

出版发行:化学工业出版社(北京市东城区青年湖南街 13 号　邮政编码 100011)
印　　装:北京科印技术咨询服务有限公司数码印刷分部
787mm×1092mm　1/16　印张 16　字数 395 千字　2023 年 10 月北京第 1 版第 4 次印刷

购书咨询:010-64518888　　　　　　售后服务:010-64518899
网　　址:http://www.cip.com.cn
凡购买本书,如有缺损质量问题,本社销售中心负责调换。

定　　价:48.00 元

中等职业教育改革发展示范校建设规划教材

编委会

中等职业教育改革发展示范学校建设规划教材
编委会

前 言

本书依据教育部 2014 年颁布的《中等职业学校机械加工技术专业教学标准》中"机械制图"课程的"主要教学内容和要求",并参照相关的国家职业技能标准编写而成,参照机械加工行业的岗位标准和技术要求,针对中职学生的心理特点和认知规律,适应职业教育特色和教学模式需要而编写的。通过教、学、做于一体的任务驱动项目训练,让学生掌握常用各种表达方法的识读,培养学生的绘图识图能力。《机械制图》是中等职业学校工程技术类各专业必修的一门基础课程,通过本课程学习,为后续的专业基础课和专业技能课程以及发展自身的职业能力打下必要的基础。

本书以"实用"为编写宗旨,以"识图为主"作为编写思路,采用"以实例代替理论"的编写风格,努力做到课程以应用为目的,以必需、够用为度,基本理论做到多而不深,点到为止,以培养学生识图能力为重点,培养学生绘图基本功为辅。

本书力求体现以下特点。

(1)简明易懂,图文并茂,平面与立体相结合。

本书叙述文字深入浅出,简单易学,图文结合,图形丰富。对于一些易犯的错误,进行图形的正误对比。对比较复杂的形体采用分解图示的方式,并用三视图配合轴测图或立体图进行说明,更加明了。通过绘图过程的图形展示,将基础理论融入到绘图过程中,使学生在绘图过程中掌握更多的知识。

(2)淡化理论、强化实用,将理论和实际应用相结合。

画法几何是机械制图的理论基础,也是中职学生学习的障碍。本书尝试将投影理论与图示应用相结合,将理论融合在应用的实例中,强化素质教育,以培养学生技能为教学重点。

(3)精讲多练、师生互动,使学生形成三维想象能力,提高绘图、识图能力。

"从做中学、从做中教"是职业教育的创新理念。本书尝试将基本概念融入到大量实例之中,并配有习题册。在教师的启发引导下,以课堂练习的形式,边讲边练,边做边学,让学生在练习中不知不觉地形成三维的想象能力,在绘图过程中形成识图能力。

(4)贴近生产,与实践接轨。

本书力求做到与生产实践接轨,不是空泛地讲图形,书中所举实例多是生产中常用的零部件,有些是学生在实习中见过的,有些可能是学生从未接触过的,所以用了很多的 3D 图形来展示,使学生先对这些零部件有感性的认识。

本书的内容包括十一个项目,其中第十一个项目为专用图样(金属结构图、焊接图和展开图),适用于铆工和焊工专业。同一学校的不同专业可按需选用,根据具体情况选取其中的部分项目来教学。

本书由锦西工业学校的杨春苹、王志强担任主编,张蕾担任副主编。参加编写工作的还有锦西工业学校的王丽丽、王承辉、丁彦文,西门子机械透平葫芦岛有限公司的张尧飞等,孟笑红担任主审。

由于编写时间及编者水平有限,书中难免存在不足之处,恳请广大读者批评指正。

编　者

目 录

绪论

一、机械制图的研究对象和作用

《机械制图》是研究绘制和阅读机械图样的专业基础课。在产品的设计和制造中使用，按照投影方法及国家标准的规定绘制的图形，称为机械图样，简称图样。

图样表达了物体的形状、大小及技术要求。在制造机器或零部件时，根据零件图加工零件，再按装配图把零件装配成机器或部件。图样表达了技术人员的设计思想，图样是零件加工、检验和装配的依据。

图样是现代工业生产中的重要技术文件。据统计：葛洲坝水利枢纽工程所用的图纸重达 100 多吨。法国生产的幻影飞机的图纸要装一火车，仅引擎部分就超过 4.5 万张。

正是由于图样应用的重要性和广泛性，因此制图课被人们喻为"工程上的语言"。凡从事工程技术的人员都应掌握这门"语言"。工程图样包括机械工程图样、建筑工程图样、电子工程图样、化工工程图样、其他工程图样。

二、课程的性质

本课程是各工程专业的学生进校后最先涉足工程领域的一门课，是成为未来技术人员的启蒙课。

《机械制图》功能和教学目的是使学生了解制图的基本国家标准，掌握阅读和绘制机械图样的基本方法与技能。本课程的教学内容，是学生学习后续专业课程及实习等的必要基础，也是学生今后从事工程技术工作所必须具备的重要知识。

三、本课程的主要内容和基本要求

本课程的主要内容包括制图基本知识及平面图形的绘制、基本几何体的投影、立体表面交线的投影作图、形体的轴测图、组合体视图的识读、机件表达方法的应用、机械图样的特殊表示法、零件图、零件图的测绘、装配图、金属结构图、焊接图和展开图。学完本课程应达到以下基本要求。

1. 知识目标方面

掌握使用绘图工具的方法；掌握正投影法的基本原理和作图方法，立体表面交线的投影作图；掌握识读和绘制组合体的方法，画轴测图的方法；掌握标准件和常用件的特殊表达方法；掌握机械图样的基本表示方法；掌握机械制图国家标准及其他相关标准的查阅方法。

2. 能力目标方面

具有巩固和发展空间分析思维和空间想象能力；具有正确使用各种测量工具，绘图工具的能力。具有绘制组合体视图和轴测图的能力；具有识读标准件和常用件的能力；通过专业书籍、技术手册等手段获取信息的能力；具有分析问题、解决问题能力；具有资料收集整理能力。

3. 素质目标方面

具备以工程图样与生产、技术人员交流沟通的能力，具有团队协作能力；具备认真负责的工作态度和严谨细致的工作作风；具备良好的企业意识和安全环保意识，自我控制和管理能力。

四、工程图学的历史与发展

工程图学科有着久远的发展历史，其内容饱含着人类智慧。图形与语言、文字一样，是人们认识自然、表达和交流思想的基本工具。

远在 2000 多年前，我国就有了工程图样。宋代李诫所著的《营造法式》即为我国最早的一部关于建筑标准与图样之辉煌巨著。

近代随着科学技术的发展，本学科也不断发展与完善，从法国 Monge Caspard 的《Descriptive Geometry》（画法几何）到美国青年学者 Ivan Sutherland 的《Sketchpad》（人机交互图形系统），都体现了制图学科的不断进步。经过学者们的不断研究，使这门"工程语言"有了今日之丰富词汇。

尤其是计算机应用技术的普及和提高，使工程图学不论是教学内容还是教学方法都有了深刻变化。而且，随着计算机辅助设计（CAD）技术得到了广泛的应用，计算机应用技术赋予这门"古老"的课程以新的活力。传统的理论与现代高新技术的完美结合使《机械制图》成为当今工程领域最具特色的课程之一。

项目一

制图基本知识及平面图形的绘制

主题一 绘图工具及其使用

一、常用绘图工具

常用绘图工具包括：图板、丁字尺、三角板、圆规、铅笔等。

二、尺规绘图

1. 三角板

一副三角板由 45°和 30°（60°）两块三角板组成（图 1-1）。L 为三角板的规格尺寸，根据绘制的线条长短来选择适当规格。

三角板与丁字尺常常配合使用，可以画垂直线、从 0°开始间隔 15°的倾斜线及其平行线。画图时要把三角板下边缘与丁字尺尺身上边缘靠紧（图 1-2）。

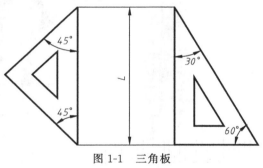

图 1-1 三角板

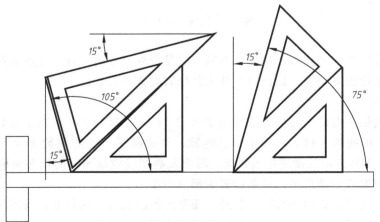

图 1-2 三角板与丁字尺配合使用方法

用两块三角板配合使用可画任意 15°整倍数的角度［图 1-3（a）］以及任意已知直线的垂直线和平行线［图 1-3（b）、（c）］。

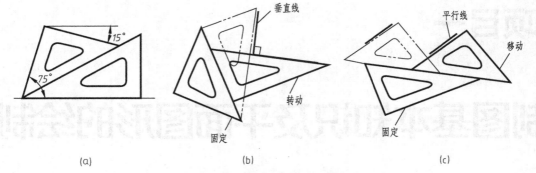

图 1-3 用三角板画垂直线和平行线

2. 圆规

圆规是绘图仪器中的重要工具，用来画圆及圆弧。圆规下端由钢针和铅芯两部分组成。圆规的使用方法如图 1-4 所示，绘图前首先调整针尖和铅心插腿的长度，使针尖略长于铅芯，然后取好半径，画圆时，圆规的钢针应对准圆心，为了避免在绘制圆弧时图纸上的针孔不断扩大，应使笔尖与纸面垂直，沿顺时针方向画圆弧，并向前稍微倾斜。如果所画圆的直径较小时，可将插腿及钢针向内倾斜。

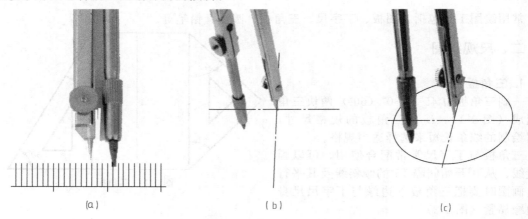

图 1-4 圆规的使用方法

分规虽然外形与圆规相似，但用途不同，它是量取尺寸的工具，可以截取已知线段和等分直线，分规使用前要调整，保证两个针尖并拢时对齐且等长。

3. 绘图铅笔

绘图铅笔的铅芯有软硬之分，分别用字母 B 和 H 表示。字母前通常有数字，数字为 1 时可以省略，B 前的数字越大，表示铅芯越软，画线越深；H 前的数字越大，表示铅芯越硬，画线越浅；HB 表示软硬适中的铅笔。写字及画细线或草图时的铅芯头磨成圆锥形；画粗线的铅芯头宜磨成四棱柱形，其断面成矩形（图 1-5）。

绘图时除使用以上必须的绘图工具外，还要配备削笔刀、细砂纸、绘图橡皮等。为了画不规则曲线，要用到曲线板。如果要擦图纸的细小部分，还要用到擦图片。

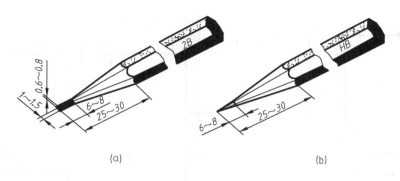

图 1-5　铅笔磨削形状

主题二　机械制图的基本规定

一、图纸幅面和格式的规定（GB/T 14689—2008）

《机械制图》国家标准规定的基本幅面共五种，按从大到小的幅面依次是 A0、A1、A2、A3、A4，如表 1-1 所示。绘制图纸时，优先采用规定的图纸幅面，各幅面间的尺寸关系如图 1-6 所示，特殊情况（例如化工工艺流程图纸）可以采用加长图纸幅面。

表 1-1　图纸幅面　　mm

幅面代号	幅面尺寸 $B \times L$	周边尺寸		
		a	c	e
A0	841×1189			20
A1	594×841	25	10	20
A2	420×594	25	10	10
A3	297×420		5	10
A4	210×297		5	

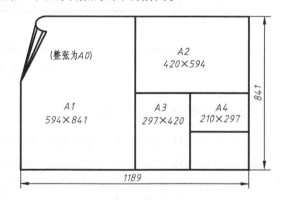

图 1-6　基本幅面的尺寸关系

二、图框格式及标题栏

图纸的绘制通常要在规定区域的线框内完成，这样的线框称为图框，图框用粗实线绘制。根据需要，其格式可选带装订边和不带装订边两种，在每套装配图所包含的零件图中，图框格式的选用应该保持一致（图 1-7）。

为了复制和保存的方便，在图纸四边的中点绘制对中符号，线型为粗实线，从图框内 5mm 为起点画到图纸边缘处，标题栏内不能画对中符号。

在图框的右下角是标题栏，如图 1-8 所示，具体内容包括名称、代号区、签字区、更改区。标题栏文字书写方向即为看图方向，其尺寸和格式参照 GB/T 10609.1—2008 标准绘制，教学可以选用简化标题栏。

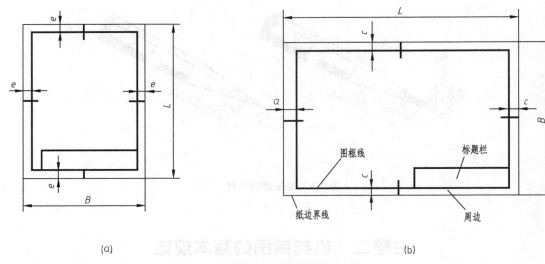

(a) (b)

图 1-7 图框格式

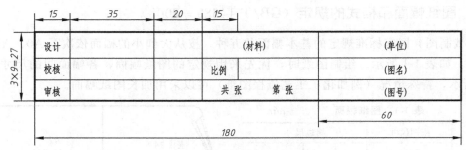

图 1-8 标题栏的内容

三、比例（GB/T 14690—1993）

比例是指图样中图形与其实物相应要素的线性尺寸之比。

画图时可选用原值比例、放大比例和缩小比例。为了方便读图，尽量按原值比例即1：1绘制图形，如果工件太大，可采用缩小比例，反之，选用放大比例画图。根据表1-2按"先优先、后一般"的顺序选择所需要的比例。

无论采用何种比例，图形中所标注的尺寸数值必须是实物的大小，与图形的比例无关。

表 1-2 常用比例系列

种类	选 择 系 列				
原值比例	1：1				
放大比例	2：1 （2.5：1）	5：1 （4：1）	1×10^n：1 （2.5×10^n：1）	2×10^n：1 （4×10^n：1）	5×10^n：1
缩小比例	1：2 （1：1.5） （1：1.5×10^n）	1：5 （1：2.5） （1：2.5×10^n）	1：10	1：2×10^n （1：4） （1：4×10^n）	1：2×10^n （1：4） （1：4×10^n）	1：5×10^n （1：6） （1：6×10^n）

注：n 为正整数，优先选用不带括号的比例。

图 1-9 为用不同比例画出的同一图形。

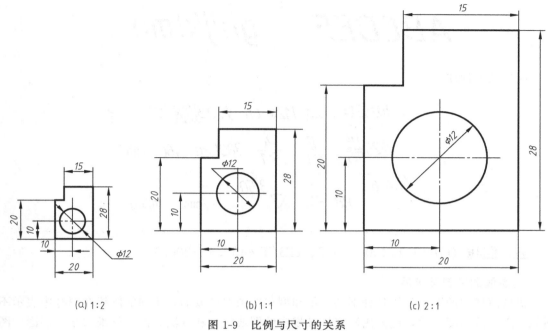

图 1-9　比例与尺寸的关系

(a) 1:2　　　　(b) 1:1　　　　(c) 2:1

四、字体（GB/T 14691—1993）

1. 基本要求

机械图样中的字体包括汉字、数字和字母，书写时必须做到字体工整，笔画清楚，间隔均匀，排列整齐。字体的号数即字体的高度，用字母 h 表示，高度由小到大分为 1.8mm、2.5mm、3.5mm、5mm、7mm、10mm、14mm、20mm 八种。

机械图样中的技术要求和标题栏要书写汉字，汉字应写成长仿宋体，并采用国家正式公布的简化字。汉字的高度不应小于 3.5mm，字宽一般为 $2h/3$。

长仿宋体汉字的书写要领是：横平竖直、注意起落、结构均匀、填满方格。汉字常由几个部分组成，为了使字体结构匀称，书写时应恰当分配各组成部分的比例。

数字和字母可写成直体或斜体（常用斜体），斜体字字头向右倾斜，与水平基准线约成 75°。

2. 字体示范

（1）汉字

长仿宋体字书写要领:横平竖直注意起落结构均匀 填满方格

（2）数字

0123456789

（3）拉丁字母

ABCDEF　　*ghijklmn*

（4）其他标注

$10JS5(\pm0.003)$　$M24-6h$　$\phi20^{+0.010}_{-0.023}$　$7°^{+1°}_{-2°}$　$\dfrac{3}{5}$

$\phi25\dfrac{H6}{m5}$　$\dfrac{II}{2:1}$　$\dfrac{A}{5:1}$　$380kPa$　$460r/min$

$\sqrt{}\,Ra\,6.3$　　3.50　$\sqrt{}$

$R8$　5%　　l/mm　m/kg

五、图线（GB/T 17450—1998、GB/T 4457.4—2002）

1. 图线的线型及应用

机械图样中的图形是用各种不同粗细和型式的图线画成的，不同的图线在图样中表示不同的含义。绘制图样时，应采用国家标准规定的图线线型和画法。国家标准《技术制图　图线》（GB/T 17450—1998）规定了绘制各种图样的15种基本线型。根据基本线型及其变形，可以用表 1-3 中规定的图线形式来绘图。国家标准《机械制图　图样画法　图线》（GB/T 4457.4—2002）中规定的 8 种常用图线，其名称、线型及应用场合示例见表 1-3。

表 1-3　图线的线型及应用

图线名称	图　线　型　式	图线宽度	应　用　举　例
粗实线	————————————————————	粗	可见轮廓线
虚线	— — — — — — — — —	细	不可见轮廓线
细实线	————————————————————	细	尺寸线及尺寸界线 剖面线、引出线 重合断面的轮廓线 过渡线
波浪线	～～～～～～～～	细	断裂处的边界线 视图和剖视的分界线
细点画线	— · — · — · — · —	细	轴线、对称中心线
双折线	—— ⋀ —— ⋀ —— ⋀ ——	细	断裂处的边界线 视图和剖视的分界线
双点画线	— · · — · · — · · —	细	相邻辅助零件的轮廓线 极限位置的轮廓线
粗点画线	— · — · — · —	粗	有特殊要求线或表面表示线

图 1-10 所示为常用图线在工件上应用举例。

国家标准规定所有线型图线线宽的推荐系列为：0.18mm、0.25mm、0.35mm、0.5mm、0.7mm、1mm、1.4mm、2mm。机械工程图样上采用粗、细两类线宽，比例为2：1，作业中粗线推荐用 0.5mm、0.7mm。考虑图样复制容易不清晰问题，细线线宽要求大于 0.18mm。

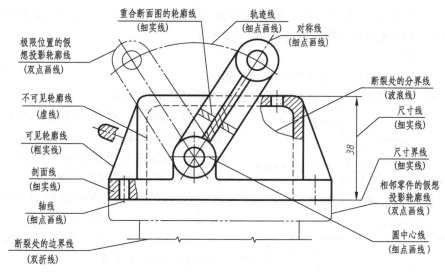

图 1-10   常用图线的应用

2. 图线画法

① 细虚线、细点画线、细双点画线与其他图线相交时尽量交于长画处，细虚线与粗实线相交处无空隙，如图 1-11（a）所示。画圆的中心线或轴对称图形两条中心线相交时，相交处应是长画的交点，细点画线两端应超出轮廓线 3~5mm；在较小的图形上绘制点画线或双点画线有困难时，例如圆的直径小于 8mm 时，允许用细实线代替点画线，如图 1-11（b）所示。图 1-11（c）为容易出现错误的画法，必须避免。

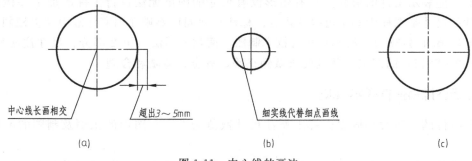

图 1-11   中心线的画法

② 细虚线、点画线如果是粗实线的延长线时，不得与实线相连，虚线应该留出空隙，

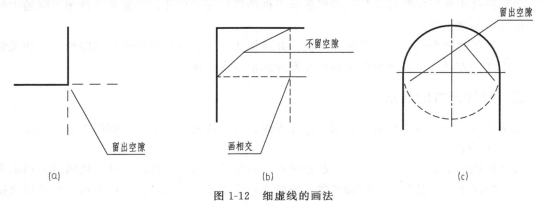

图 1-12   细虚线的画法

如图 1-12（a）所示；细虚线与粗实线垂直相交不留空隙［图 1-12（b）］，细虚线圆弧与粗实线相切时，细虚线圆弧应留出空隙［图 1-12（c）］。

3. 注意事项

① 同一图样中同类图线的宽度应基本一致。

② 虚线、点画线及双点画线的线段长度和间距应该各自相等。

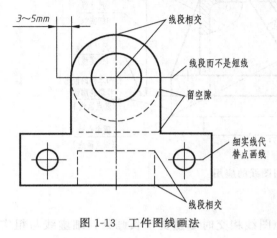

图 1-13　工件图线画法

③ 点画线、双点画线的首末两端应是线段，而不是短线。

④ 图线的颜色深浅程度应该一致，不能出现粗线深、细线浅的情况。

⑤ 点画线、双点画线的点实际不是点，而是一个约 1mm 的短线。

⑥ 除非另有规定，两条平行线之间的最小间隙应该大于 0.7 mm。

⑦ 图线不能与符号、数字或文字重叠，更不能混淆。不可避免时，应首先保证符号、数字或文字清晰。

工件常用图线的绘制如图 1-13 所示。

主题三　尺寸注法

图形只能表示工件的形状，只有图形没有尺寸的图纸无法进行工件的加工和检验，因此，工件的尺寸是图样中必不可少的内容。标注尺寸同样要遵守国家标准中《机械制图　尺寸注法》（GB/T 4458.4—2003）和《技术制图　简化表示法　第 2 部分：尺寸注法》（GB/T 16675.2—2012）的规定，并且要求做到正确、齐全、清晰和合理。

一、尺寸注法的基本规则

（1）机件的真实大小应以图样上所注尺寸数值为准，与图形的比例及制图的准确程度无关。

（2）图样中的尺寸通常以 mm 作单位，不必标注尺寸单位，如果用其他单位时，就必须标明相应的单位符号或名称。

（3）图样中所注明的尺寸为该图样所示工件的最后完工尺寸，如果是工件加工时的中间工序尺寸应另加说明。

（4）机件的每个尺寸一般只标注一次，并应标注在表示该结构最清晰的图形上，如果为了加工工件的方便，需要重复标注的尺寸要放到括号内标注。

二、标注尺寸的要素

标注尺寸有三个基本要素，分别是尺寸界线、尺寸线和尺寸数字，如图 1-14 所示。

1. 尺寸界线

尺寸界线用来表示所标注尺寸的起止位置，通常成对出现，绘制尺寸界线的线型用细实线，一般情况下，它是从图形的轮廓线、轴线或对称中心线引出，另外可由这三种图线直接

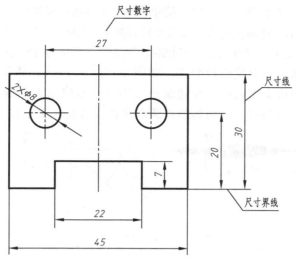

图 1-14　工件图线画法

作为尺寸界线。尺寸界线通常与尺寸线垂直，并超出尺寸线的终端 2～3mm，在遇到圆角（例如铸造圆角）无法标注时，可以使尺寸界线与尺寸线倾斜（图 1-15）。

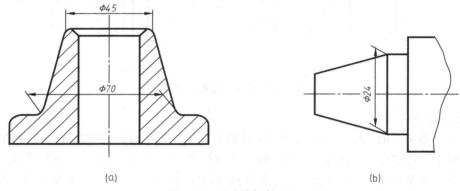

图 1-15　尺寸线倾斜画法

2. 尺寸线

如图 1-16 所示，绘制尺寸线的线型为细实线，不能用其他图线代替，一般也不得与其他图线

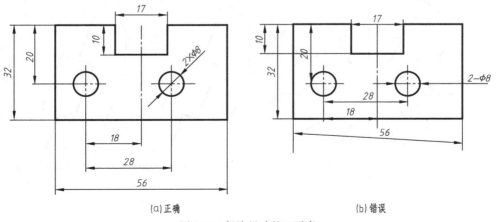

图 1-16　标注尺寸的三要素

重合或画在其延长线上。标注线性尺寸时，尺寸线要与所注的线段平行。如果有几条相互平行的尺寸线要集中标注时，小尺寸标在内侧，大尺寸标在外面，图纸上经常是多个尺寸同时标注，要避免尺寸线和尺寸界线交叉。标注直径或半径时，尺寸线一般应通过圆心或其延长线通过圆心。

尺寸线的终端有箭头和斜线两种形式，如图 1-17（a）、（b）所示。机械图样中尺寸线终端通常是箭头，d 为粗实线宽度；在建筑图纸中尺寸线终端采用斜线，h 为字体的高度。当没有足够的空间标注箭头时，可用斜线或圆点来替代箭头［图 1-17（c）、（d）］。

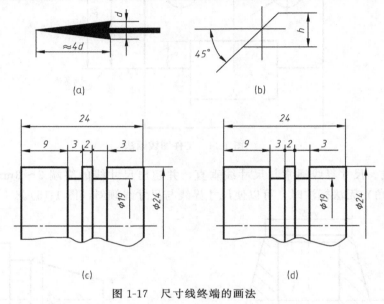

图 1-17　尺寸线终端的画法

3. 尺寸数字

线性尺寸数字一般标注在尺寸线中间位置的上方或左方，也允许注写在尺寸线的中断处，在同一图样上，数字标注方法应该保持一致。任何图线不能通过尺寸数字，不可避免时可将所遇图线断开，在断开处标注尺寸数字。当标注尺寸数字时，如果尺寸线是水平方向，尺寸数字应该由左向右书写，字头向上；如果尺寸线是竖直方向，尺寸数字应该由下向上书写，字头朝左；在倾斜的尺寸线上标注尺寸数字时，必须使字头方向有向上的趋势（图 1-18）。

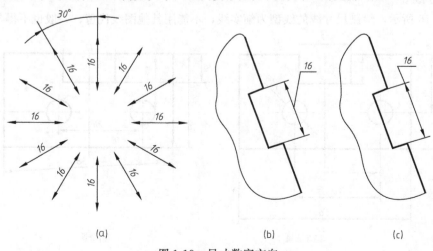

图 1-18　尺寸数字方向

三、常见的尺寸标注

1. 圆的尺寸注法

标注圆直径要在尺寸数字前加"ϕ"，在圆弧上标注时尺寸界线可以省略。直径半径标注的界限是以圆弧的大小为准，超过一半的圆弧，必须标注直径；小于一半的圆弧只能标注半径（图 1-19）。

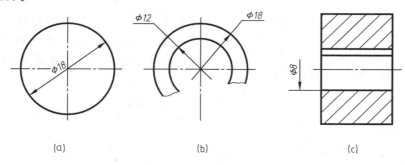

图 1-19　圆的尺寸注法

2. 圆弧的尺寸注法

（1）圆弧的半径　标注圆弧半径要在尺寸数字前加"R"，尺寸线的终端一端从圆心开始，另一端画箭头，并按图 1-20（a）～（c）所示的方法标注。

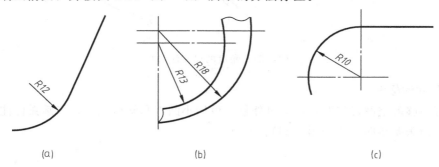

图 1-20　半径的尺寸注法

圆弧半径较大无法标出圆心位置时，可以把圆心适当移到离圆弧较近处标出，这时半径尺寸线画成折线，如图 1-21（a）所示。有时圆心也不需绘出，可按图 1-21（b）的形式标注，球面标注前面要加"S"。

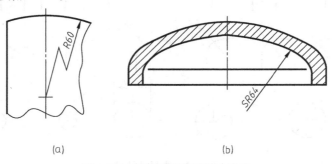

图 1-21　大半径和球面尺寸注法

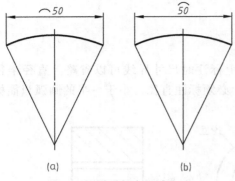

图 1-22 圆弧长度尺寸注法

（2）圆弧的长度 标注弧长时，应在尺寸数字左方或上方加注符号"⌒"。弧长的尺寸界线应平行于该弦的垂直平分线（图1-22）。

3. 角度的尺寸标注

角度标注时尺寸界线由径向引出，尺寸线画成圆弧，圆心是角的顶点，尺寸数字水平书写，一般注写在尺寸线的中断处，必要时，也可注写在尺寸线的附近或引出线的上方（图 1-23）。

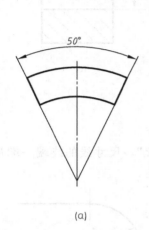

(a)

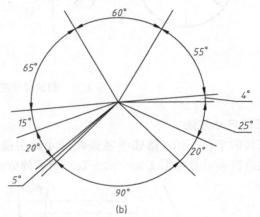

(b)

图 1-23 角度的尺寸注法

4. 小尺寸的标注

当没有足够的空间标注时，箭头可外移，可用小圆点和斜线代替，当圆弧标注半径和直径尺寸时，箭头要指向圆心（图 1-24）。

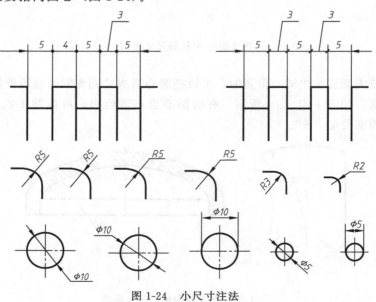

图 1-24 小尺寸注法

5. 倒角的标注

倒角的标注在尺寸数字前加"C"，例 $C2$ 是表示宽度为 2mm 的倒角（图 1-25）。

6. 对称图形的尺寸注法

当机件为对称图形时，如全部画出则占用图纸空间较大，可以采用简化画法，只画出一半或略大于一半，此时尺寸线应略超过对称中心线或断裂处的边界，标注时只在尺寸线的一端画出箭头即可，如图 1-26 所示。

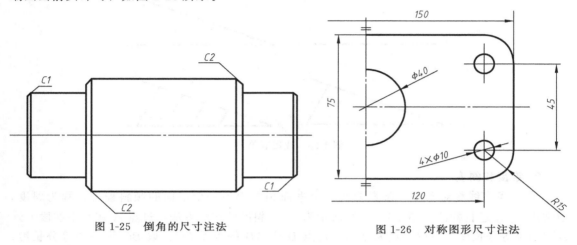

图 1-25　倒角的尺寸注法　　　　　　图 1-26　对称图形尺寸注法

7. 正方形结构的尺寸注法

标注断面为正方形结构的尺寸时，通常用两种标注方法。如图 1-27（a）、（b）所示，符号"□"是一种图形符号，表示正方形。

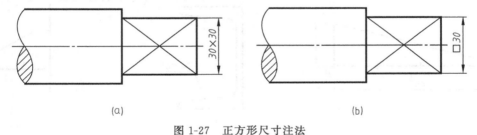

（a）　　　　　　　　　　　　　　　　（b）

图 1-27　正方形尺寸注法

主题四　几何作图

工件的表面是由一些直线和曲线组成的，绘制几何图形的过程称为几何作图，在平面作图时，要把这些直线和曲线连接起来才能形成闭合的图形。

任务一　等分和圆弧连接

一、线段的等分

1. 等分直线段

以线段 AB 五等分为例介绍线段等分的方法。

作图：

① 过线段 AB 的点 A 作线段外的一条射线 AC，从 AC 上的点 A 开始截取五等份（每等份的长度根据射线适当选取），最后一个截取点为点 D。

② 将点 D 与点 B 连接，过射线 AC 的各等分点作 DB 的平行线并与线段 AB 相交，这些交点就是所求线段 AB 的等分点（图1-28）。

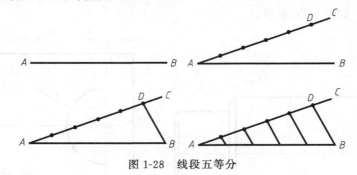

图 1-28 线段五等分

2. 锥度和斜度

① 一条直线相对于另一条直线或一个平面相对于另一个平面的倾斜程度，称为斜度，通常用 $1:n$ 进行标注。图1-29（a）所示为 $1:4$ 斜度的作图方法，过点 A 在水平线段上连续取四个等分长度，最后一点为点 B；过点 B 作 AB 的垂线 BC，取 BC 为一个等分长度；连接 AC，即得相对于直线 AB 斜度为 $1:4$ 的直线 AC。

斜度的标注如图1-29（b）所示，斜度符号应该与直线的倾斜方向相同。斜度的符号画法如图1-29（c）所示（h 为字高），倾斜直线与基准直线的夹角为 $30°$。

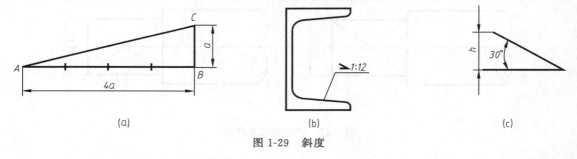

图 1-29 斜度

② 正圆锥底圆直径与圆锥高度之比，称为锥度，通常用 $1:n$ 进行标注。图1-30（a）所示为锥度 $1:2$ 的作法：过点 A 在水平线段上连续取四个等分长度，最后一点为点 B；过

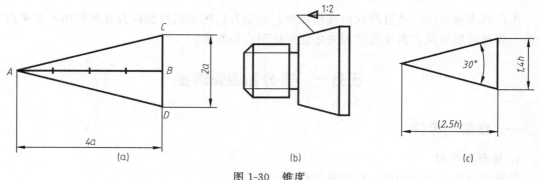

图 1-30 锥度

点 B 作 AB 的垂线，分别向线段 AB 两侧截取一个等分长度，得 C、D 两点；分别连接 AC、AD，即是 1:2 的锥度。

锥度的标注方法如图 1-30（b）所示，锥度符号的方向应该与圆锥锥顶方向相同。锥度的符号画法如图 1-30（c）所示（h 为字高），两条倾斜直线的夹角为 30°。

二、圆周等分与正多边形的作法

1. 圆周四等分及正方形作法

作已知圆的内接正方形，可用 45°三角板和丁字尺组合使用，先画出圆的两条中心线，交圆弧于四点，直接可分圆的四等分，依次把相邻点相连即画出正四边形（图 1-31）。

2. 圆周六等分及正六边形作法

作已知圆的六等分，如图 1-32 所示。先画出圆的两条中心线，交圆弧于四点，分别以一条中心线上的两个交点为圆心，以已知

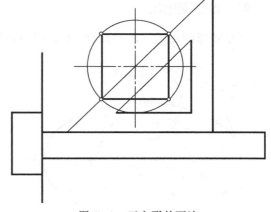

图 1-31 正方形的画法

圆半径为半径画圆弧，交已知圆弧为四点，依次连接六点，即为正六边形，间隔连接三点，即为正三角形。

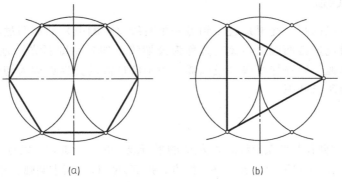

(a)   (b)

图 1-32 正六边形的画法

3. 圆周五等分及正五边形作法

作已知圆的内接五边形（图 1-33）。

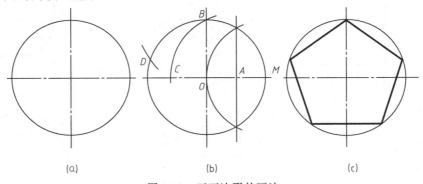

(a)   (b)   (c)

图 1-33 正五边形的画法

① 以已知圆半径中点 A 为圆心，以 AB 为半径作圆弧交已知圆中心线于点 C。

② 以点 B 为圆心，以 BC 为半径作圆弧交已知圆于点 D。

③ 以 BD 为半径把已知圆五等分，依次连接五点可得正五边形。

四、椭圆的作法

已知椭圆的长轴 AB 和短轴 CD，用四心圆法作椭圆（图 1-34）。

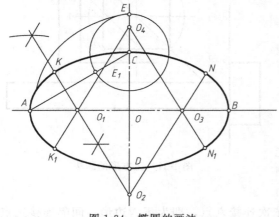

图 1-34　椭圆的画法

作图：

① 找四个圆心，连接 AC 两点，以 C 为圆心，长短轴之差的 1/2 为半径画圆弧交 AC 于 E_1 点。

② 作线段 AE_1 中垂线与长轴 AB 交于 O_1，与短轴 CD 交于 O_2，并在长短轴上作出 O_1、O_2 的对称点 O_3、O_4。

③ 分别以 O_2、O_4 为圆心，以 O_2C 为半径画大圆弧；分别以 O_1、O_3 为圆心，以 O_1A 为半径画小圆弧，四个圆弧分别切于四点 K、K_1、N、N_1，可得椭圆。

五、圆弧的连接

由一条直线（或圆弧）光滑地过渡到另一条直线（或圆弧）的作图过程，称为连接。如果用一条直线光滑地连接两圆弧，该直线称为公切线；如果用圆弧光滑地连接圆弧或直线，该圆弧称为连接圆弧；两连接线段（或圆弧）中圆滑过渡的分界点称为切点，求作连接圆弧要先找圆心，再画所求圆弧。

1. 连接直线

作图：

在已知直线的内侧作与两条直线距离为 R 的平行线，并交于点 O，以点 O 为圆心，以 R 为半径作圆弧，与两条已知线段切于 K_1、K_2 两点，弧 K_1K_2 即为所求圆弧，作图过程见表 1-4。

表 1-4　圆弧连接直线

线型	已知直线	找圆心	连接圆弧
两条垂直直线			
两条倾斜直线			

2. 圆弧外接

以两圆弧外接（外接圆半径为 R）为例作图：

① 以 O_1 为圆心，以 R_1+R 为半径画圆弧；

② 以 O_2 为圆心，以 R_2+R 为半径画圆弧，与①所画圆弧交于 O 点；

③ 以 O 为圆心，以 R 为半径画圆弧，与两已知圆弧分别切于 K_1、K_2 两点，弧 K_1K_2 即为所求外接圆弧，作图过程见表 1-5。

表 1-5　圆弧外接

3. 圆弧内接

以两圆弧内接（内接圆半径为 R）为例作图：

① 以 O_1 为圆心，以 $R-R_1$ 为半径画圆弧；

② 以 O_2 为圆心，以 $R-R_2$ 为半径画圆弧，与①所画圆弧交于 O 点；

③ 以 O 为圆心，以 R 为半径画圆弧，与两已知圆弧分别切于 K_1、K_2 两点，弧 K_1K_2 即为所求内接圆弧，作图过程见表 1-6。

表 1-6　圆弧内接

任务二　平面图形的画法

平面图形是由一些直线和曲线连接组合而成。要画好平面图形，就必须分析这些直线和曲线之间的关系。

一、尺寸分析

平面图形中所注尺寸按其作用可分为两类。

（1）定形尺寸　确定平面图形中形状大小的尺寸称为定形尺寸，如图 1-35 中的 $\phi20mm$、$\phi5mm$、$R15mm$、$R50mm$、$R12mm$、$R14mm$ 等尺寸。

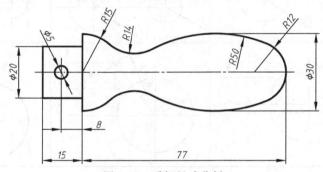

图 1-35　手柄尺寸分析

（2）定位尺寸　确定各组成部分之间相对位置的尺寸称为定位尺寸，如图 1-35 中的 8mm 是确定 $\phi5mm$ 圆心位置的定位尺寸，$\phi30mm$ 确定 $R50mm$ 圆心在工件径向坐标的定位尺寸。有的尺寸既可以定形，也可以起到定位的作用，如图 1-35 中的 77mm。

二、线段分析

平面图形中的各种线段（包括直线和圆弧，以下均称为线段），有的尺寸齐全，可以根据其定形、定位尺寸直接绘出；有的尺寸不齐全，必须是其中一侧或两侧图线画出才能完成。按尺寸是否齐全，可以把线段分为三类。

（1）已知线段　已知线段指定形、定位尺寸均齐全的线段，如手柄的 $\phi5mm$、$\phi20mm$、$R15mm$、$R12mm$ 线段。

（2）中间线段　中间线段指只有定形尺寸和一个定位尺寸，而缺少另一定位尺寸的线段。中间线段要在其一侧的线段画出后，利用相切的关系用作图画出，如手柄的 $R50mm$ 圆弧。

（3）连接线段　连接线段指只有定形尺寸而无定位尺寸的线段，如手柄的中间位置 $R14mm$ 圆弧。

三、平面图形的绘图步骤

平面图形绘图前要做好准备工作，选好比例，确定图幅，制作图框和标题栏，并分析尺寸和线段关系。绘制底图步骤常分四步进行：①画基准线；②画已知线段；③画中间线段（求出圆心、切点）；④画连接线段。

以手柄为例来说明平面图形的作图步骤。

① 画基准线，先画手柄中心线，再确定左右基准线，最后找出 $\phi 5mm$ 孔心位置，如图 1-36 所示。

② 画手柄已知线段，即 $\phi 5mm$、$\phi 20mm$、$R15mm$、$R12mm$ 线段，如图 1-37 所示。

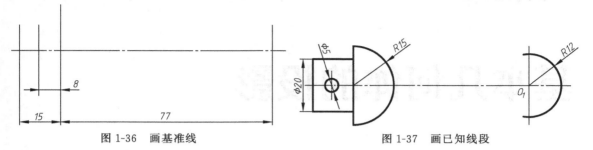

图 1-36 画基准线   图 1-37 画已知线段

③ 画中间线段，根据 $R50mm$ 定形尺寸和 $\phi 30mm$ 定位尺寸，以及与已知线段 $R12mm$ 内切关系，找到 $R50mm$ 的圆心，从而画出中间线段 $R50mm$（图 1-38）。

④ 画连接线段 根据 $R14mm$ 定形尺寸和与两侧 $R50mm$、$R15mm$ 相外切的关系，确定 $R14mm$ 圆心，从而画出连接圆弧 $R14mm$（图 1-39）。

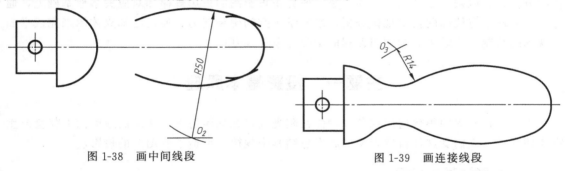

图 1-38 画中间线段   图 1-39 画连接线段

以上是手柄绘制的底稿线，要求图线细而淡（用 H 或 2H 铅笔），图形底稿完成后应检查，如发现错误，应及时修改，擦去多余的图线。

⑤ 标注尺寸 为提高绘图速度，可一次完成。

⑥ 描深图线 可用 2B 铅笔或墨线笔描深线，描绘顺序要先细后粗、先曲线后直线、先横后竖、从上到下、从左到右、最后加深倾斜线。

⑦ 填写标题栏及其他说明 文字应该按工程字体要求写。

⑧ 修饰并校正全图。

项目二

基本几何体的投影

空间实体画成平面图形要采用投影法，将实体投影到平面，然后绘制成图形。在工程制图中，绘制图形常用正投影法向投影面投影来表达工件的形状，因为它能较好地反映实形，作图方便，所以被广泛使用。本项目是在研究正投影图的投影规律和对应关系地基础上，通过立体表面上点线面的投影规律分析，培养学生空间想象能力，通过已知立体图来完成平面三视图的绘制，为学生后续制图课程的学习打下扎实基础。

主题一　投影基本原理

投影是自然界中很普遍的现象，物体在阳光或灯光的照射下，在地面或墙面上就会产生物体的影子。人们受这种自然现象的启发总结其中规律，创造了制图上的投影法。

一、投影法基本知识

投影法就是投射线通过物体，向选定的面投射，并在该面上得到图形的方法。所得到的图形称为投影图（简称投影）。得到投影的面，称为投影面。

二、投影法分类

1. 中心投影法

投射线汇交于投影中心的投影方法称为中心投影法。

如图 2-1 所示，S 为投射中心，对应自然界中的点光源，SA、SB、SC 为投射线，对应光源发出的光线，投射线为以光源为中心，以放射状向外辐射，平面 H 为投影面，对应自然界中的地面或墙面。延长 SA、SB、SC、SD 与投影面 H 相交，交点 a、b、c、d 即为空间点 A、B、C、D 在投影面的投影。

中心投影法与人看物体的习惯相同，在视角上能体现近大远小的效果，立体感观较强，经常用于建筑和各种产品的效果图。

2. 平行投影法

投射线互相平行的投影方法称为平行投影法，相对于中心投影法，平行投影法更能反映物体轮廓的真实大小，平行投影法又可分为两类。

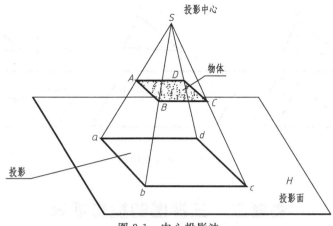

图 2-1 中心投影法

（1）斜投影法 投射线与投影面倾斜的平行投影法［图 2-2（a）］。

（2）正投影法 投射线与投影面垂直的平行投影法［图 2-2（b）］，机械图样主要是用正投影法绘制。

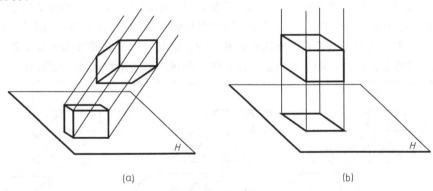

(a)   (b)

图 2-2 平行投影法

由于正投影能准确反映工件的实形，工程图纸主要用正投影法画出，以下本书中所提及的投影法均为正投影法。

三、正投影法的基本性质

1. 实形性

平面（或直线段）与投影面平行时，其投影反映其真实形状的性质称为实形性，如图 2-3（a）所示。

2. 积聚性

平面（或直线）与投影面垂直时，其投影分别在投影面上积聚为一条直线（或一个点）的性质称为积聚性，如图 2-3（b）所示。

3. 类似性

平面（或直线）与投影面倾斜时，其投影变小（或变短）但投影的形状与原来形状相类似的性质称为类似性，即一般情况下直线的投影仍为直线，平面的投影仍为平面，多边形的投影仍为相同边数的多边形等，如图 2-3（c）所示。

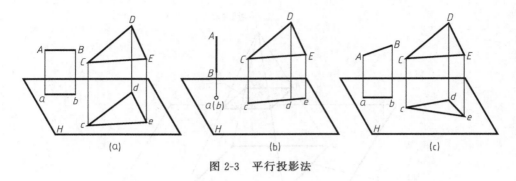

图 2-3 平行投影法

主题二 三视图的投影规律

一、三投影面形成

我们研究物体和投影的对应关系，是想用投影影像反映物体结构。用正投影法在一个投影面上得到的一个视图，只能反映物体一个方向的形状，但一般只用一个方向的投影来表达形体是不确定的，如图 2-4 所示。物体在一个投影面上的投影只能反映他前面的形状，而其他面的形状无法表达清楚，结果无法全面地反映实体的形状和结构。因此，为了能够准确地反映物体的长、宽和高的形状及位置关系，通常用正投影法所绘制的三个视图来表示物体的平面图形。

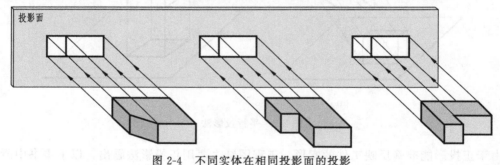

图 2-4 不同实体在相同投影面的投影

如图 2-5（a）所示，设立三个互相垂直的平面，叫作三投影面。正对着观察者的正立投

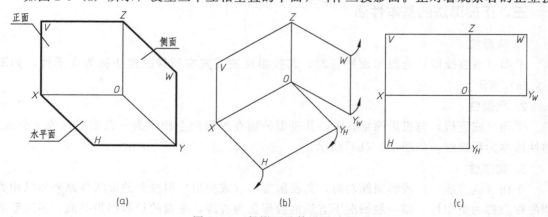

图 2-5 三投影面及其展开过程

影面称为正面，用 *V* 表示（简称 *V* 面）；与水平面平行的投影面称为水平面，用 *H* 表示（简称 *H* 面）；另外一个与正面和水平面均垂直的右侧立投影面称为侧面，用 *W* 表示（简称 *W* 面）。三个投影面间的交线叫作投影轴，分别是 *OX* 轴、*OY* 轴和 *OZ* 轴，三根投影轴汇交于同一个点 *O* 叫作原点。物体置于其中进行投影后，要展开变成平面图形，三投影面的展开过程如图 2-5（b）、（c）所示。

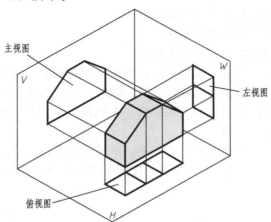

图 2-6　物体在三投影面体系中的投影

　　物体放在三面投影体系内，首先把物体由前向后往正面投影得到的视图，叫作主视图，然后把物体由上向下往水平面投影得到的视图叫作俯视图，最后把物体由左向右往侧面投影得到的视图叫作左视图（图 2-6）。

　　为将物体的三个视图绘制在同一张图纸上，必须将三投影面平铺展开在同一平面上。如图 2-7（a）所示，正面保持不动，*OY* 轴把水平面和侧面分开，水平面向下绕 *OX* 轴旋转 90°，*W* 面向右绕 *OZ* 轴旋转 90°，结果三投影面所绘制的视图在同一平面内［图 2-7（b）、（c）］。得到物体的三视图：主视图（*V* 面上）、俯视图（*H* 面上）、左视图（*W* 面上）。

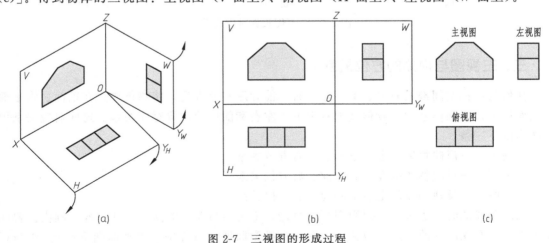

(a)　　　　　　　　　　　(b)　　　　　　　　　　　(c)

图 2-7　三视图的形成过程

　　说明：① 三个视图相对位置不能变动。
　　　　　② 三个视图间距离根据需要确定。
　　　　　③ 三视图与投影面的大小无关，画三视图时不必画出投影面的边界，三条轴线

省略，三个视图名称不必标注。

二、三视图的投影对应关系

物体有长度、宽度和高度三个方向的尺寸。通常规定：物体左右间距离称为长度，前后间距离称为宽度，上下间距离称为高度。一个视图只能反映物体两个方向的尺寸。

主视图——反映了形体的高度和长度尺寸。

俯视图——反映了形体的长度和宽度尺寸。

左视图——反映了形体的高度和宽度尺寸。

正面、水平面和侧面三个投影面展开后，以主视图为基准，俯视图在主视图的下方，对应的长度相等，且左右两端对正，对应部分的连线为两条竖直线。同理，左视图与主视图高度相等且对齐，对应部分的连线为两条水平线。左视图与俯视图反映物体的宽度，因此左、俯视图对应部分的宽度相等（图2-8）。

三视图投影规律：主、俯视图长对正，主、左视图高平齐，俯、左视图宽相等，即"长对正，高平齐，宽相等"。特别提示：画图、读图时都应严格遵循和应用三视图的投影规律。

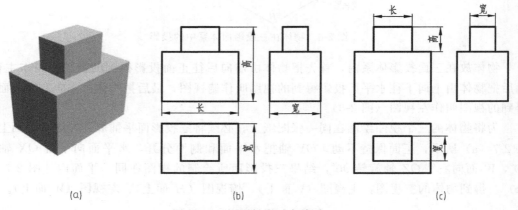

图 2-8 三视图投影对应关系

三、三视图与物体的方位关系

任何物体在空间都具有上、下、左、右、前和后六个方位，将物体放置在正面、水平面和侧面三个投影面体系中，物体就要有上下、左右和前后的位置对应关系。这些对应关系可归纳为以下三条。

主视图——反映物体的上、下和左、右方位关系。

俯视图——反映物体的左、右和前、后方位关系。

左视图——反映物体的上、下和前、后方位关系。

画图和读图时，主视图与俯视图长度对正，主视图与左视图高度平齐，容易画出。要注意俯视图与左视图的前、后对应关系，在三个投影面展开过程中，水平面向下旋转90°与正面在同一平面上，原来向前的 OY 轴随水平面旋转成为向下的 OY_H，即俯视图的下方实际表示物体的前方，俯视图的上方则表示物体的后方，如图2-9所示。侧面向右旋转90°与正面在同一平面上时，原来向前的 OY 轴随侧面旋转成为向右的 OY_w，即左视图的右方实际表示物体的前方，左视图的左方则表示物体的后方。总之，俯视图、左视图中贴近主视图一侧为物体的后方，远离主视图一侧为物体的前方，所以，物体俯视图、左视图不仅宽度相等，还应保持前、后位置的对应关系。

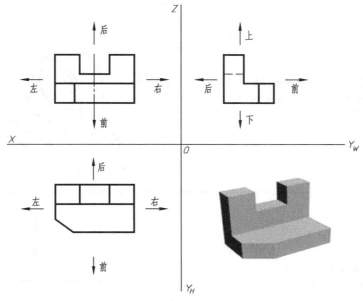

图 2-9 三视图方位对应关系

四、绘制三视图步骤

根据物体或立体图画三视图时，要依据正投影法基本性质和三视图投影规律来绘制。按照"长对正、高平齐、宽相等"的作图原则，先整体后局部，先画基准线，再画轮廓线，最后补画内部线。

【例 2-1】 根据图 2-10 所示轴承座的实体图和轴测图，绘制其三视图，并分析该立体图表面间的相对位置关系。

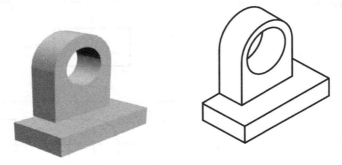

图 2-10 轴承座的实体图和轴测图

1. 形体分析

该轴承座由长方体作底板，半圆柱和长方体叠加在一起作竖板，再以圆柱轴为中心，进行柱体切割所得。竖板相对于底板在上面，偏后侧位置，左右方向对称居中。

2. 绘图过程

绘图过程见表 2-1。

表 2-1 绘制三视图步骤

序号	绘图步骤	示意图
1	分析确定 A 向为主视图的投射方向,B 向为俯视图的投射方向,C 向为左视图的投射方向	
2	测量轴承座的整体尺寸,考虑到三个视图的布局,画出各视图的定位基准线,对称中心线	
3	画底座的三视图,应先画反映底座形状特征的俯视图,再按投影关系完成另两个视图	
4	画竖板三视图,应先画反映竖板形状特征的主视图,再补画俯、左视图	

序号	绘 图 步 骤	示　意　图
5	画切割后竖板上孔的三视图,应先画反映孔形状特征的主视图,再补画俯、左视图	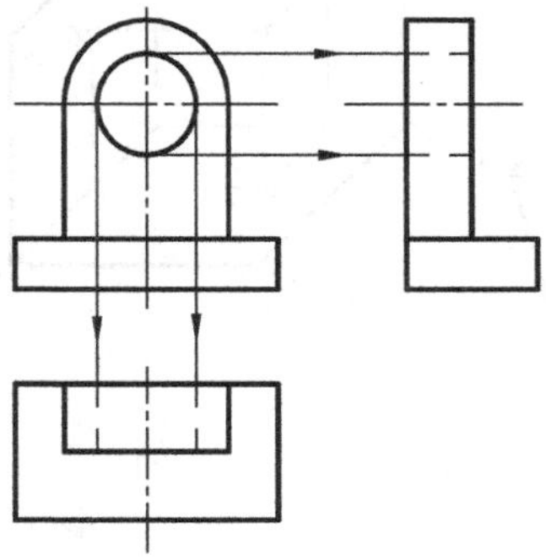
6	描深,去除多余线条,整理完成三视图	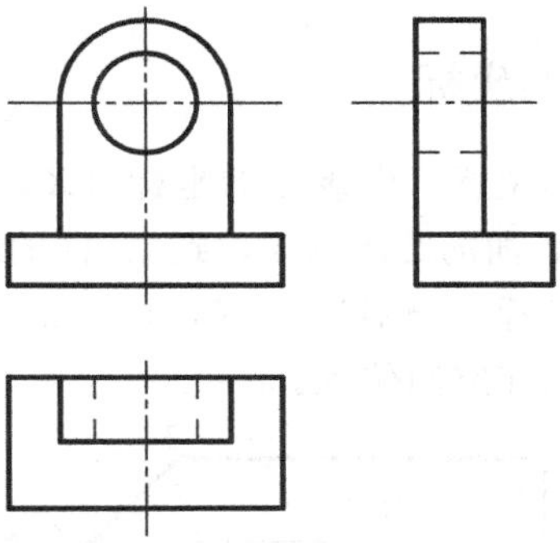

主题三　点 的 投 影

任何物体都是由基本几何体组合而成的,任何基本几何体都包含点、直线和平面等基本几何元素,而直线和平面也是由许多点组成的。要完整、准确地绘制物体的视图,就要进一步研究点的投影特性和作图方法。

一、点的投影形成

三棱锥是由四个平面、六条直线和四个顶点组成,如图 2-11 (a) 所示。如果能绘制四个顶点的投影,就可以完成三棱锥的三视图,下面分析锥顶点 A 在正面、侧面和水平面的投影规律。

空间点三面投影仍为点,与立体图相同,同样遵守三视图投影规律,为了和对应的投影点相区别,空间点一般用大写字母表示,投影点用相应的小写字母标记。将空间一点 A 分别向三个投影面投射,得到的是点 A 在相应投影面上的投影,分别用 a (H 面)、a' (V 面)、a'' (W 面) 来标记,点 A 在投影面中的立体图、展开图以及投影图如图 2-11 (b)、(c)、(d) 所示,由投影图可看出点 A 的三面投影有如下的规律。

① 点 A 在 V 面投影和在 H 面投影的连线垂直于 OX 轴,即 $aa' \perp OX$ (长对正)。

② 点 A 在 V 面投影和在 W 面投影的连线垂直于 OZ 轴,即 $a'a'' \perp OZ$ (高平齐)。

③ 点 A 在 H 面投影到 OX 轴的距离等于它在 W 面投影到 OZ 轴的距离,即 $aa_x = a''a_z$ (宽相等),在 OY_H 和 OY_W 两轴之间作角分线来辅助作图,证明两条线段 aa_x 和 $a''a_z$ 长度相等。

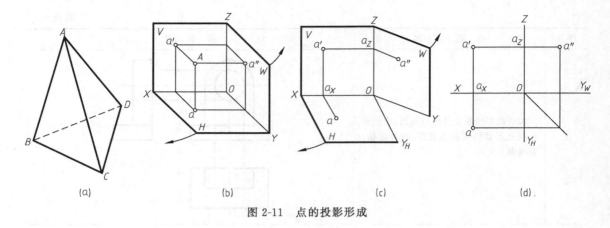

图 2-11 点的投影形成

二、点的坐标

空间点的位置可由该点的坐标（X，Y，Z）确定，如图 2-12 所示，点 A 到 W 面的距离为 X，到 V 面的距离为 Y，到 H 面的距离为 Z。点 A 在 V 面、H 面、W 面的投影坐标都包含两个坐标，分别为 $a(X，Y)$、$a'(X，Z)$、$a''(Y，Z)$。如果已知点的两个面投影，即确定了该点在空间位置。

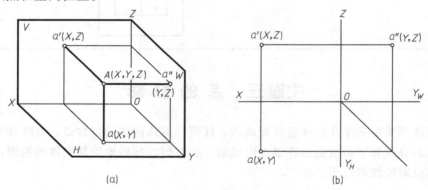

图 2-12 点的坐标关系

三、两点的相对位置

空间两个点之间的相对位置包括上下、左右和前后关系。判断两点的相对位置，可根据两点的坐标或两点距三个投影面的距离来判断。

判断两点上下关系：Z 坐标值大的点在上，反之在下。

判断两点前后关系：Y 坐标值大的点在前，反之在后。

判断两点左右关系：X 坐标值大的点在左，反之在右。

例如 A（5，12，16）和 B（17，8，6）两点，空间位置和投影图如图 2-13 所示，则点 B 在点 A 的左方、后方和下方。

有些空间点在某一个或某两个投影面的投影是重合的，如图 2-14 所示的 A、C 两点，这样的点称为重影点。当把它们向正面投影时，两个投影点重合在一起，坐标值大的点投影具有可见性，当标注这些重影点时，将坐标值小的点要加括号，放在可见点标记的后面。

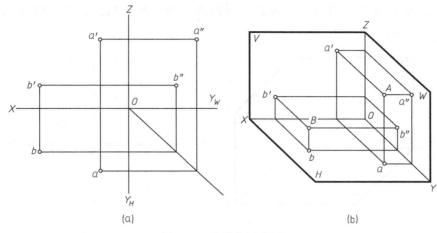

图 2-13　点的相对位置

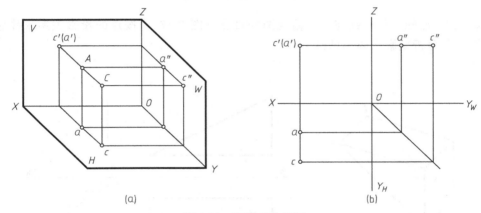

图 2-14　重影点的标记

各种位置的点：

（1）一般位置点　到三个投影面的距离均不为零，如图 2-11 所示的点 *A* 投影。

（2）投影面上的点　到某个投影面的距离（一个坐标值）为零，如点 *B*（10，0，5），如图 2-15 所示。

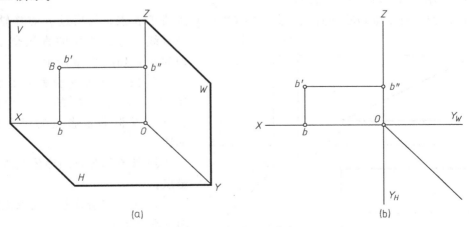

图 2-15　投影面上的点

（3）投影轴上的点　到某两个投影面的距离（两个坐标值）为零，如点 A（10, 0, 0），如图 2-16 所示。

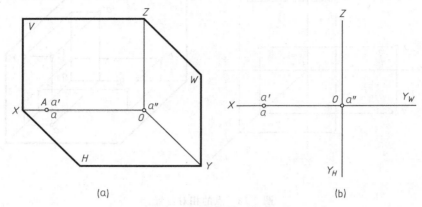

(a)　　　　　　　　　　　　(b)

图 2-16　投影轴上的点

【**例 2-2**】　已知工件楔铁在主、俯视图的投影（图 2-17），按点的投影关系求作它的左视图投影，并分析重影点的可见性。

作图：

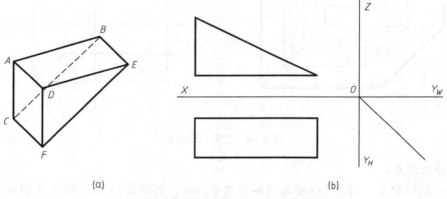

(a)　　　　　　　　　　　　(b)

图 2-17　按点的投影规律求作第三投影

① 过 a' 作平行于轴 OX 的直线。

② 过 a 作平行于轴 OX 的直线，交 $\angle Y_W OY_H$ 对角线于 p 点，然后过 p 点作轴 OZ 的平行线，与①所作的直线交于一点，即为 a''，如图 2-18 所示。

③ 按以上方法分别作出空间点 B、C、D、E、F 的平面投影（图 2-19），并根据重影点的可见性进行标注。

④ 按空间各点顺序依次连接各投影点。

⑤ 去除多余线条，描深完成左视图（图 2-20）。

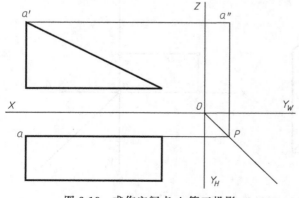

图 2-18　求作空间点 A 第三投影

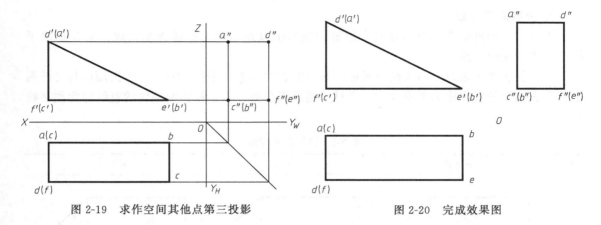

图 2-19 求作空间其他点第三投影   图 2-20 完成效果图

重影点可见性判断：

主视图：$f'(c')$ 中 f' 可见，c' 不可见，空间点 F 在点 C 之前；$e'(b')$ 中 b' 不可见，空间点 B 在点 E 之后。

俯视图：$a(c)$ 中 a 可见，c 不可见，空间点 A 在点 C 之上；$d(f)$ 中 f 不可见，空间点 F 在点 D 之下。

左视图：$c''(b'')$ 中 c'' 可见，b'' 不可见，空间点 C 在点 B 之左；$f''(e'')$ 中 e'' 不可见，空间点 E 在点 F 之右。

主题四 直线和平面的投影

一、直线的投影分析

空间两点确定一条直线，根据直线与三个投影面的相对位置，可以把空间直线分为三种：一般位置直线、投影面平行线和投影面垂直线。

1. 一般位置直线

如果空间直线在三个投影面的投影都是倾斜于轴的直线，这条直线称为一般位置直线。图 2-21 中的 AB 就是一般位置直线。其投影特性为在三个面的投影都是小于实长的三条斜线。

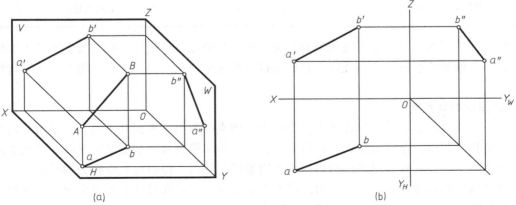

(a)   (b)

图 2-21 一般位置直线

2. 投影面平行线

平行于一个投影面，与另外两个投影面倾斜的直线，称为投影面平行线。它包括水平线、正平线和侧平线。

只平行于水平面而与另外两个投影面倾斜的直线称为水平线。只平行于正面而与另外两个投影面倾斜的直线称为正平线；只平行于侧面而与另外两个投影面倾斜的直线称为侧平线（表 2-2）。

表 2-2　投影面平行线

图型	正平线	水平线	侧平线
空间图			
平面图			
特性	空间：$AB /\!/ V$ 面 投影：$a'b' = AB$（实长） $ab /\!/ OX$（缩短） $a''b'' /\!/ OZ$（缩短）	空间：$CD /\!/ H$ 面 投影：$cd = CD$（实长） $c'd' /\!/ OX$（缩短） $c''d'' /\!/ OY_W$（缩短）	空间：$EF /\!/ W$ 面 投影：$e''f'' = EF$（实长） $ef /\!/ OY_H$（缩短） $e'f' /\!/ OZ$（缩短）

投影面平行线在三个投影面的投影均为直线，其中在与该直线平行的投影面投影为线段实长，并且倾斜于投影轴。另外两个投影面投影均短于原长，并且平行于靠近实长线段的投影轴。

3. 投影面垂直线

与一个投影面垂直，与另外两个投影面平行的直线称为投影面垂直线。它是由到两个投影面距离相等的两点连线而成，包括铅垂线、正垂线和侧垂线。如表 2-3 所示，垂直于正面的直线称为正垂线；垂直水平面的直线称为铅垂线；垂直于侧面的直线称为侧垂线。

投影面垂直线在该直线所垂直的投影面上积聚成一点，在另外两个投影面上，该直线的投影反映实长，且与积聚点靠近的投影轴垂直。

表 2-3　投影面垂直线

图型	正垂线	铅垂线	侧垂线
空间图			
平面图			
特性	空间：$AB \perp V$ 面 投影：$ab = a''b'' = AB$（实长） $ab \perp OX$ $a''b'' \perp OZ$ $a'b'$ 积聚成点	空间：$CD \perp H$ 面 投影：$c'd' = c''d'' = CD$（实长） $c'd' \perp OX$ $c''d'' \perp OY_W$ cd 积聚成点	空间：$EF \perp W$ 面 投影：$ef = e'f' = EF$（实长） $ef \perp OY_H$ $e'f' \perp OZ$ $e''f''$ 积聚成点

二、平面的投影分析

空间不在同一条直线上的三点确定一个平面，因此空间平面的投影仍是以点的投影为基础，只要先画出平面上各顶点的投影，然后将平面各顶点的同面投影按空间点的顺序依次相连，就完成了该空间平面的三面投影。根据平面与三个投影面的相对位置，可以把空间平面分为三种：一般位置平面、投影面平行面和投影面垂直面。

1. 一般位置平面

与三个投影面都倾斜的平面称为一般位置平面。它在三个投影面的投影都是平面，且为空间平面的类似形（图 2-22）。

2. 投影面平行面

在三投影面体系中，投影面平行面平行于一个投影面，且与另外两个投影面垂直。它包括正平面、水平面和侧平面。

平行于正面的平面，且与另外两个投影面垂直的空间平面称为正平面；平行于水平面，且与另外两个投影面垂直的空间平面称为水平面；平行于侧面，且与另外两个投影面垂直的空间平面称为侧平面（表 2-4）。

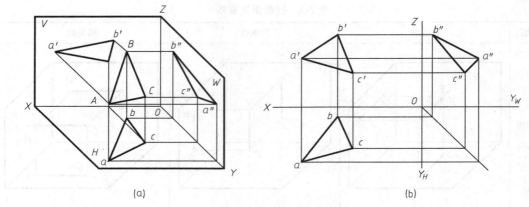

图 2-22 一般位置平面

表 2-4 投影面平行面

图型	正 平 面	水 平 面	侧 平 面
空间图			
平面图			
特性	空间:△ABC∥V 面 投影:H 面、W 面投影积聚成平行于投影轴的线	空间:△ABC∥H 面 投影:V 面、W 面投影积聚成平行于投影轴的线	空间:△ABC∥W 面 投影:H 面、V 面投影积聚成平行于投影轴的线

投影面平行面在与其平行的投影面投影反映实形,在另外两个投影面投影分别积聚成线段,并且平行于靠近实形投影的投影轴。

3. 投影面垂直面

在三投影面体系中,投影面垂直面垂直于一个投影面,且与另外两个投影面倾斜。它包括正垂面、铅垂面和侧垂面。

　　空间垂直于正面且倾斜于水平面和侧面的平面称为正垂面，垂直于水平面且倾斜于正面和侧面的平面称为铅垂面，垂直于侧面且倾斜于水平面和正面的平面称为侧垂面，投影面垂直面的投影特性见表 2-5。

表 2-5　投影面垂直面

图型	铅垂面	正垂面	侧垂面
空间图			
平面图			
特性	空间：△ABC⊥H 面 投影：H 面投影积聚成线，V 面、W 面投影为类似形	空间：△ABC⊥V 面 投影：V 面投影积聚成线，H 面、W 面投影为类似形	空间：△ABC⊥W 面 投影：W 面投影积聚成线，V 面、H 面投影为类似形

主题五　基本几何体的投影

　　所有物体都是由若干基本几何体组合成的。基本几何体包括平面几何体和曲面几何体两大类。平面几何体所有表面均为平面，例如棱柱、棱锥等；曲面几何体至少有一个表面是曲面，例如圆柱、圆锥、圆球等。

　　下面对棱柱、棱锥、圆柱、圆锥、圆球的三视图画法进行介绍。

任务一　棱　　柱

　　棱柱的棱线互相平行，常见的棱柱为直棱柱，上底面和下底面为正多边形的直棱柱，称为正棱柱。有正三棱柱、正四棱柱、正五棱柱和正六棱柱等。它们的上底面和下底面是两个全等且互相平行的正多边形，称为特征面，各棱面为矩形，侧棱垂直于底面，下面以正六棱柱为例，分析棱柱的投影特征和作图方法。

分析：

如图 2-23 所示，将正六棱柱放在三投影面体系中，使其底面平行于 H 面，并使棱面 P 平行于正投影面 V 面，然后向三个基本投影面投影。从图中可以看出：

P 面是正平面，同理，可分析与之平行的后面为正平面。

R 面是水平面，同理，可分析与之平行的下底面为水平面。

Q 面是铅垂面，同理，可分析其余三个侧棱面为铅垂面。

AB 是铅垂线，同理，可分析其他侧棱线均为铅垂线。

AC 是侧垂线，同理，可分析与之平行的上底面和下底面其他棱线均为侧垂线。

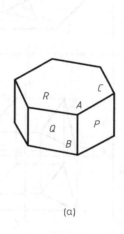
(a)

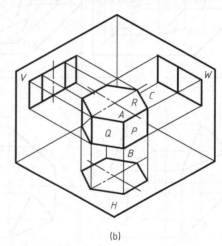
(b)

图 2-23　正棱柱的投影

一、投影分析

由图 2-23 可知，正六棱柱的投影特点：在水平投影面上形成俯视图，正六棱柱上底面和下底面的投影重合，反映底面的真实形状即正六边形，所有侧棱面的投影分别积聚为正六边形的六条边。另外两个方向投影外轮廓均为矩形，其内部包含若干小矩形。俯视图就是棱柱体的特征视图，另两个投影都是由粗实线组成的矩形线框，它们是棱柱体的一般视图。

二、绘制视图

一般先画反映底面真实形状的特征视图，即俯视图，然后再画各棱面的投影，完成另两个视图。

① 作正六棱柱的对称中心线和底面基准线，确定各视图的位置 [图 2-24 (a)]。

② 根据上面的投影分析，先画反映底面真实形状的俯视图即正六边形 [图 2-24 (b)]。

③ 按长对正的投影关系及正六棱柱的高度画出主视图。

④ 按高平齐、宽相等的投影关系画出左视图 [图 2-24 (c)]。

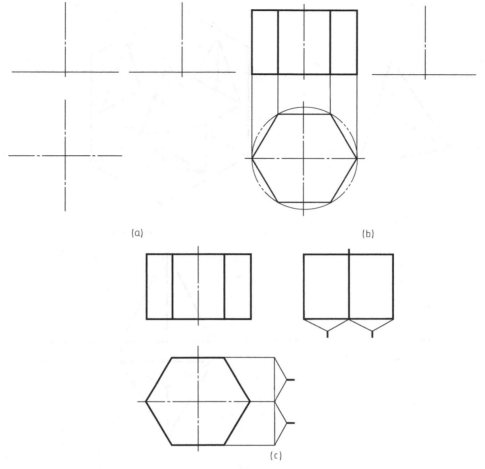

(a)   (b)

(c)

图 2-24　正六棱柱的画图过程

任务二　棱　　锥

　　棱锥的底面为多边形，各侧面是具有公共顶点的多个三角形，这个公共顶点称为锥顶。从锥顶到底面的距离叫作锥高，当棱锥底面为正多边形，各侧面是全等的等腰三角形时，称为正棱锥。正棱锥的锥顶在底面的投影为底面的几何中心，常见的正棱锥有正三棱锥、正四棱锥和正五棱锥等。图 2-25（a）所示为一个正三棱锥的立体图，下面以三棱锥为例，分析棱锥投影特点和作图方法。

　　如图 2-25（b）所示，将正三棱锥放在三投影面体系中，使其底面平行于水平投影面，并使棱面△SAC 垂直于侧面，然后向三个基本投影面投影。从图中可以看出：

　　侧棱面△SAB 和△SBC 是一般位置平面。

　　后棱面△SAC 是侧垂面。

　　底面△ABC 是水平面。

　　SB 是侧平线，它在侧面上的投影反映棱线的实长；SA、SC 倾斜于三个投影面，它在三个投影面上的投影均为缩短的直线。

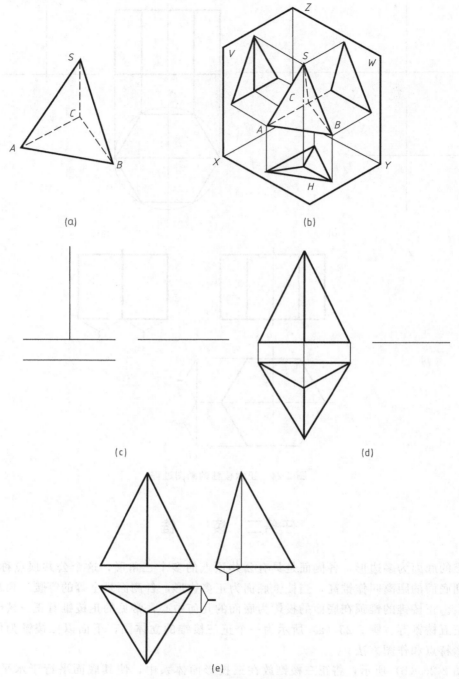

图 2-25 正三棱锥的作用过程

一、投影分析

由以上总结可知，正三棱锥的投影特点：在底面平行的投影面上的投影是正三角形（俯视图），反映底面的真实形状，并用棱线分成三个三角形，这是棱锥的特征视图。另两个投影都是由粗实线组成的三角形线框，它们是正三棱锥的一般视图。

二、绘制视图

一般先画反映底面真实形状的特征视图，其次画出底面的其他两个投影，然后定出锥顶的位置，最后将锥顶和多边形的各顶点连成棱线。凡属于特殊位置表面上的点，可利用投影的积聚性直接求得；属于一般位置表面上的点可通过在该面上作辅助线的方法求得。

① 作正三棱锥的对称中心线和底面基线［图2-25(c)］。

② 画底面的水平投影（三角形），并找到三角形的几何中心即为棱锥顶点投影，分别将锥顶的投影点与三角形的各顶点用直线相连，完成俯视图［图2-25(d)］。

③ 按主、俯视图长对正的投影关系，画出正三棱锥底面在主视图的投影为一条直线，根据三棱锥的高度在主视图上定出锥顶的投影点，最后将锥顶投影点和底面各点投影连线，完成主视图。

④ 按高平齐、宽相等的投影关系画出左视图［图2-25(e)］，注意左视图投影为非等腰三角形。

任务三 圆 柱

一、圆柱面的形成

如图2-26（a）所示，圆柱面可看成是由一条直母线AA_1围绕与它平行的轴线OO_1回转而成。圆柱面上任意一条平行于轴线的直线，称为圆柱面的素线。圆柱面和上下底面（圆平面）围成的立体称为圆柱体，简称圆柱。上下底面之间的距离为圆柱的高，素线和上下底面垂直，长度等于圆柱的高。

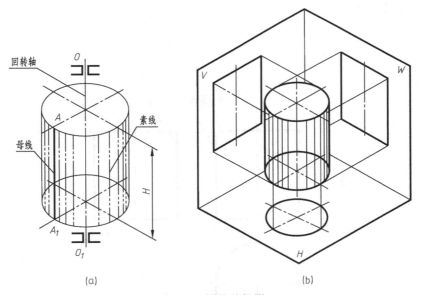

图2-26 圆柱的投影

二、投影分析

如图2-26（b）所示，将正圆柱放在三投影面体系中，使其底面平行于水平面，然后向三个基本投影面投影。从图 2-26（b）中可以看出：在水平投影面上的投影是圆，反映底面的真实形状，圆则为圆柱面的积聚性投影，俯视图是圆柱的特征视图。另两个投影是全等的矩形线框，且一个矩形上的轮廓素线必在另一个矩形的中间和点画线重合的位置上，它们是圆柱的一般视图。

三、绘制视图

① 作正圆柱的对称中心线和底面基线。

② 画底面的水平投影（圆形），完成俯视图［图 2-27（a）］。

③ 按主、俯视图长对正的投影关系，画出正圆柱底面在主视图的投影为一条直线，根据其高度在主视图上画出一个矩形，完成主视图［图 2-27（b）］。

④ 按高平齐、宽相等的投影关系画出左视图［图 2-27（c）］，形状与主视图完全相同，描深视图。

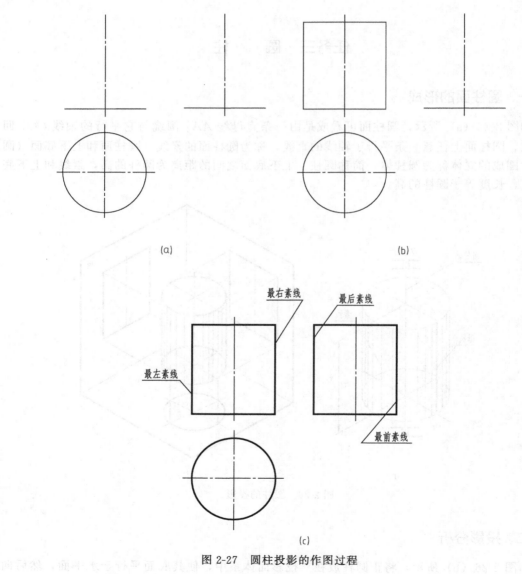

(a)　　　　　　　　　　　　　　(b)

最右素线　　　　最后素线

最左素线

最前素线

(c)

图 2-27　圆柱投影的作图过程

任务四 圆 锥

一、圆锥面的形成

如图 2-28（a）所示，圆锥面可看作是由一条直母线 SA 绕与它相交的轴线 OO_1 旋转而成，两直线的交点为 S 点。圆锥面上任意一条过 S 点并与轴线相交的直线，称为圆锥面素线。圆锥面和底面围成的立体称为圆锥体，简称圆锥。S 点为锥顶，底面和锥顶之间的距离为圆锥的高，素线和底面倾斜。

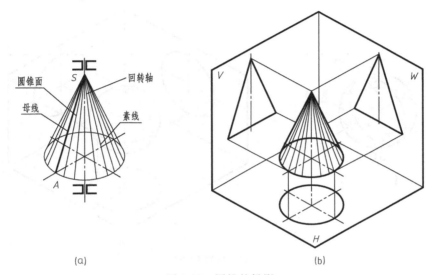

(a)   (b)

图 2-28　圆锥的投影

二、投影分析

如图 2-28（b）所示，将圆锥放在三投影面体系中，使其放置成底面平行于 H 面，即轴线垂直于 H 面，然后向三个基本投影面投影。俯视图为一圆形线框，反映圆锥底面的真实形状。

主、左视图是一个等腰三角形线框，它的底边是圆锥底面的积聚性投影；两腰恰好是圆锥面上最左、最右、最前和最后素线的投影（图 2-29）。

投影特征：

① 圆锥面的三个投影都没有积聚性。

② 在底面平行（或轴线垂直）的投影面上的投影是圆形，反映底面的真实形状，是圆锥的特征视图。

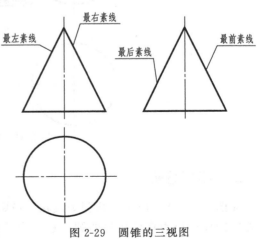

图 2-29　圆锥的三视图

三、绘制视图

先画圆的中心线、对称轴线和底面基准线，然后画出投影是圆的特征投影视图即俯视图；最后根据圆锥的高度在轴线上找到锥顶，按照三视图的投影规律，再画出两个全等的等腰三角形作为一般视图（即主、左视图），即可完成三视图的绘制。

任务五 圆 球

一、圆球面形成

如图 2-30（a）所示，圆球面是由一个半圆为母线，以它的直径为轴线回转一周而成。在母线上任一点的运动轨迹为大小不等的圆。圆球面围成的立体为圆球，简称球。

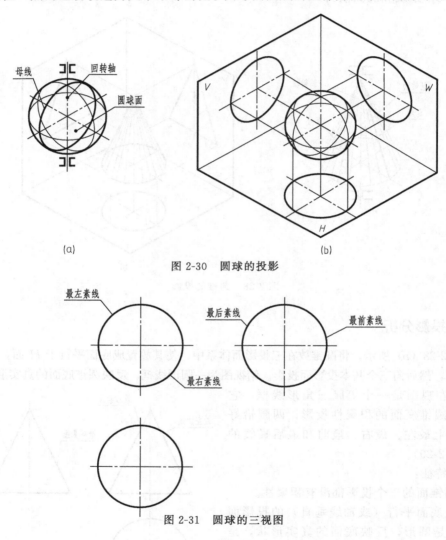

图 2-30 圆球的投影

图 2-31 圆球的三视图

二、投影分析

如图 2-30（b）所示，将圆球放在三投影面体系中，并向三个投影面投影。由于圆球任何方向的投影均为直径相等的圆，这三个圆分别表示三个不同方向的圆球面轮廓素线的投影，因此圆球面的三个投影都没有积聚性，反映圆的实际形状。

三、绘制视图

一般先画圆的中心线，然后按照三视图的投影规律画出三个半径相等的圆即可（图 2-31）。

任务六 基本几何体的尺寸标注

一、平面体的尺寸标注

物体的形状可由三视图表达清楚，物体的大小要由视图上的尺寸标注来确定。基本几何体都具有长、宽、高三个方向的尺寸。在视图上标注基本几何体的尺寸时，应将三个方向的尺寸标注齐全，但不能重复。在表达基本几何体的一组三视图中，尺寸应尽量标注在反映基本体形状特征的视图上，并集中标注（图 2-32）。

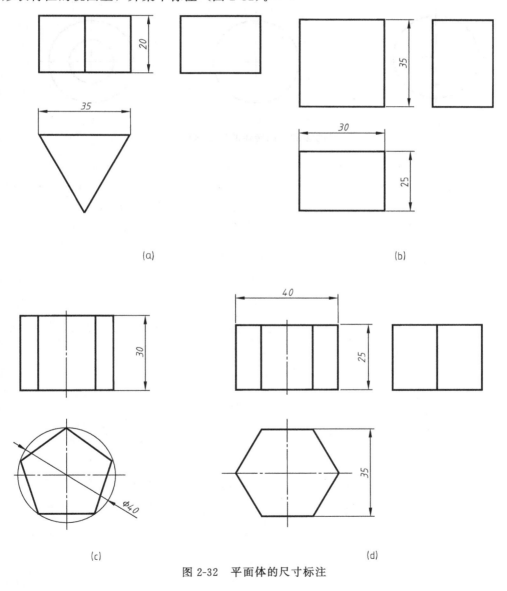

图 2-32 平面体的尺寸标注

二、回转体的尺寸标注

图 2-33 所示为几种回转体的尺寸标注方法，圆直径一般标注在投影为非圆的视图上。需要说明的是，一个径向尺寸包含两个方向尺寸。

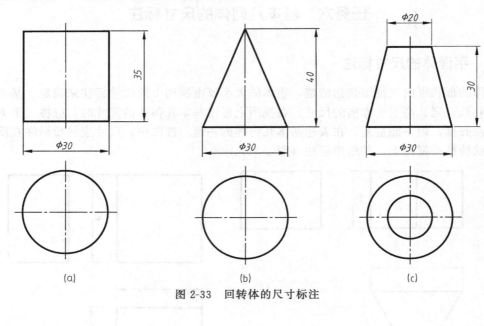

图 2-33　回转体的尺寸标注

项目三

立体表面交线的投影作图

工件表面是由一些平面或曲面组成，当工件两个表面相交时形成表面交线。在这些交线中，有些是平面与立体表面相交的截交线，有些是两立体表面相交的相贯线。了解这些交线的形成过程并学会交线的画法，有助于准确画出工件的形状特征，以便于识图。

主题一　立体表面上点投影作图

工件表面是由一些点汇集而成的，掌握基本几何体表面上点的投影作图规律有助于工件表面交线投影作图。

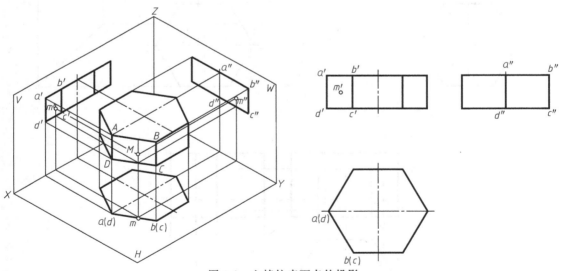

图 3-1　六棱柱表面点的投影

一、棱柱表面上点的投影

以正六棱柱为例来说明棱柱表面上点的投影。如图 3-1 所示，将正六棱柱放在三投影面体系中，使其底面平行于水平面，并使其中两个侧棱面平行于正投影面，然后向三个基本投影面投影。已知正六棱柱侧棱面 $ABCD$ 为铅垂面，点 M 在此棱面内，点 M 在主视图的投影 m'，要求作出点 M 在另两个面的投影。

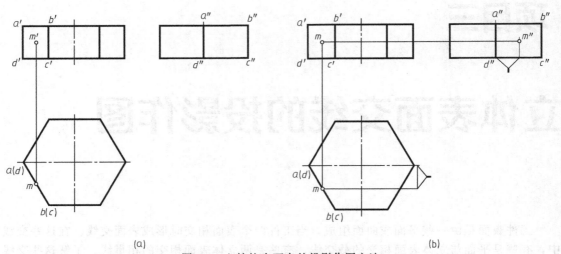

(a)　　　　　　　　　　　　　　　　　　　　(b)

图 3-2　六棱柱表面点的投影作图方法

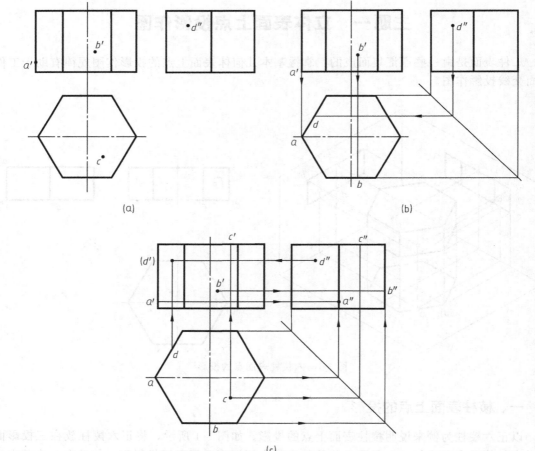

(a)　　　　　　　　　　　　　　　　　　　　(b)

(c)

图 3-3　六棱柱表面四点的投影作图方法

分析：

因为点 M 在正六棱柱侧棱面 $ABCD$ （铅垂面）上，这个棱面在水平面的投影为一条直线 a (d) b (c)，所以点 M 的投影也在这条直线上，从而找出 M 点在水平面的投影，已知点的两面投影，根据点的投影规律，很容易完成点的第三个投影面投影。

作图：

① 过 m' 作竖直线与俯视图的 a (d) b (c) 交于一点，即为 m 点 [图 3-2 （a）]。

② 量取 m 点到正六边形前后对称中心线的距离，依据长对正、高平齐的投影规律完成点 M 在左视图的投影点 m'' 的作图，M 点在三个基本投影面的投影均为可见点 [图 3-2 （b）]。

【例 3-1】 已知正六棱柱上 A、B、C、D 四点的一个投影，如图 3-3 （a）所示，求这四个点的另两个投影面投影。

由图 3-3 （a）可知，点 A 在正六棱柱的最左侧棱上，其水平面投影在六边形的顶点上，由于点 B 的正面投影为可见，其水平投影在六边形的前面边上；点 C 的水平投影为可见，所以它应在六棱柱的顶面上；点 D 的侧面投影为可见，因此，它应在正六棱柱的左面。具体作图步骤如图 3-3 （b）、（c）所示。

判断可见性：由于点 A、B 在正六棱柱的左面和前面，所以它们的侧面投影为可见；又由于点 D 在正六棱柱的左面和后面，所以它的正面投影 d' 为不可见，加括号表示为 (d')。

二、棱锥表面上点的投影

以正三棱锥为例来说明棱锥表面上点的投影。将正三棱锥放在三投影面体系中，使其底面平行于水平投影面，并使棱面 $\triangle SAC$ 垂直于侧面，然后向三个基本投影面投影，如图 3-4 （a）所示。空间点 M 在侧棱面 $\triangle SAB$ 上，棱面 $\triangle SAB$ 为一般位置平面，可通过在该面作过 M 点辅助线 SD 的方法求得。

作图：

过投影点 s'、m' 作直线交 $a'b'$ 于 d' 点，空间点 D 在直线 AB 上，过投影点 d' 作竖直线与投影线 ab 交于一点 d，即为空间点 D 在水平面的投影，连接 sd，M 点在水平面投影也在直线 sd 上，根据投影关系画出投影点 m [图 3-4 （b）]，已知点的两面投影，很容易画出点的第三面投影，求得投影点 m''，M 点在三个基本投影面的投影均为可见点 [图 3-4 （c）]。

【例 3-2】 已知三棱锥的棱面 $\triangle SAC$ 上点 M 的水平面投影 m，求作 M 点的另两个投影面投影 [图 3-5 （a）]。

求点 M 的作图方法和步骤如图 3-5 （b）所示，由于点 M 所属棱面 $\triangle SAC$ 为侧垂面，在侧面的投影积聚成一条直线，所以点 M 在侧面投影也在这条直线上，根据宽相等的投影规律，很容易找出点 M 在侧面的投影 m''，已知两点投影，求得点 M 在正面的投影，由于点 M 所属棱面 $\triangle SAC$ 在 V 面投影看不见，所以点 M 在正面投影不可见，写成 (m')。

三、圆柱表面上点的投影

已知圆柱面上两点 M、N 在正面投影 m'、n'，如图 3-6 （a）所示，求作它们的另外两个面投影。

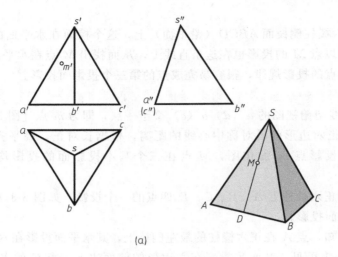

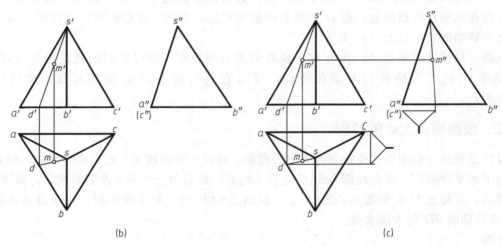

图 3-4　三棱锥表面点的投影

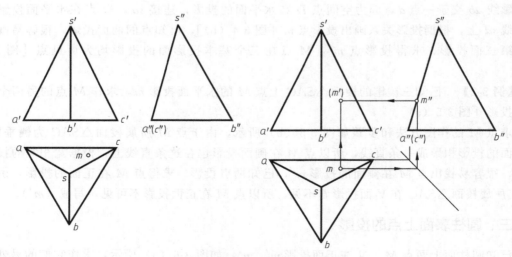

图 3-5　三锥锥特殊表面点的投影

　　将圆柱放在三投影面体系中，使其底面平行于水平投影面，圆柱面上所有点在水平面的投影全部在反映圆柱真实形状的圆上，m'不可见，在圆投影的偏后侧，n'在圆柱的最左素线上，其水平面投影在圆的中心线上。已知点 M、N 在两个投影面的投影，根据点的投影规律，很容易画出它们的第三面投影，在侧面投影中，m''不可见，标注时要加注括号，n''可见〔图 3-6（b）〕。

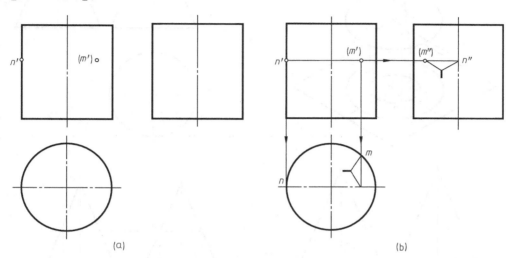

图 3-6　圆柱表面点的投影

四、圆锥表面上点的投影

　　处于圆锥最左、最右、最前、最后轮廓素线和底面的点是特殊位置点，投影均在中心线或投影圆上，可利用投影关系或积聚性直接作出；处于圆锥表面任意位置的点是一般位置点，可利用作辅助线的方法求出。圆锥表面取线则是在线上取多个点，将其投影作出后光滑连接即可。

　　【例 3-3】　已知圆锥表面上的点 A、B、C 和 M 的一个投影，如图 3-7（a）、（b）所示。求作它们的另外两个面投影。

　　分析：

　　由圆锥三视图中四点的位置可知，A、B、C 三点为特殊位置点，点 A 在最右轮廓素线上，点 B 在最前轮廓素线上，点 C 在底面上，点 M 为一般位置点。

　　作图：

　　① 过 a' 作竖直线与俯视图的圆中心线交于一点即为 a，过 a' 作水平线与左视图的中心线交于一点即为 a''，a''不可见，要加注括号。同理可作出点 B 的另两个面的投影〔图 3-7（c）〕。

　　② 点 C 在底面上，底面在主视图上积聚成一条水平线，c' 也在这条水平线上，过 c 作竖直线交主视图中的水平线为一点即为 c'，作辅助线绘出 c''。

　　③ 作点 M 的投影，连接 $s'm'$，交底面投影于 $1'$，在俯视图上找到投影 1，连接 $s1$，过 m' 作竖直线交 $s1$ 于一点即为 m，作辅助线绘出 m''。以上是用辅助线法求圆锥面的一般位置点，另外也可以用辅助纬圆法求圆锥面上一般位置点的投影〔图 3-7（d）、（e）〕。

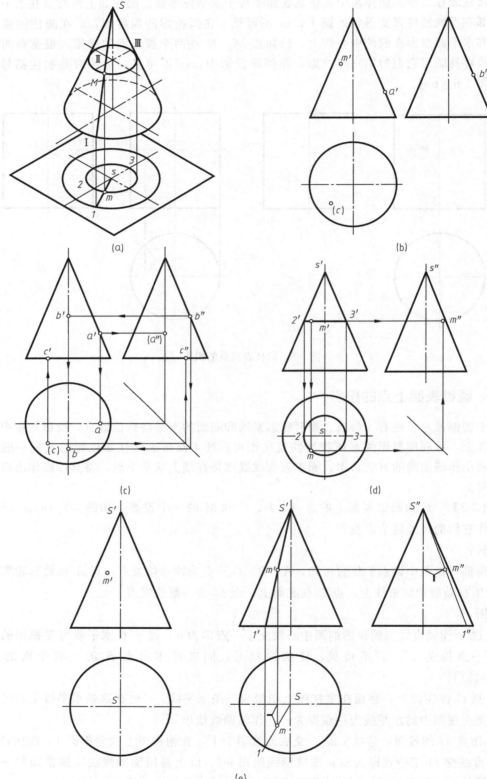

图 3-7　圆锥表面上点的投影

五、球表面上点的投影

处于圆球最左、最右、最前、最后轮廓素线和底面的点是特殊位置点，投影均在中心线或投影圆上，可利用投影关系或积聚性直接作出；处于圆锥表面任意位置的点是一般位置点，可利用作辅助线的方法求出。圆锥表面取线则是在线上取多个点，将其投影作出后光滑连接即可。

【例 3-4】 已知圆球表面上点 M、N 和 K 的一个投影，如图 3-8（a）所示，求作其他两个投影面的投影。

分析：

由图 3-8（a）可知，点 M 在圆球的最左轮廓素线上，点 N 在圆球的最后轮廓素线上，均为特殊位置点，利用积聚性直接画出〔图 3-8（b）〕。点 K 为一般位置线，可以用辅助线方法绘出，k 不可见，空间点 K 在三投影体系中相对于对称中心线在偏前、偏下、偏右的位置。

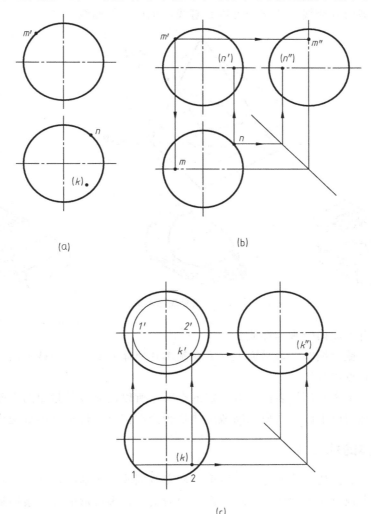

图 3-8 圆球表面上点的投影

作图：

① 过 k 作水平线交圆于 1、2，在主视图中，以已知圆为圆心，以 12 为直径作圆。

② 过 k 作竖直线交刚画的圆于一点即为 k'，已知点 K 在两面投影，求出点 K 在第三面投影 k''，k'' 为不可见 [图 3-8 (c)]。

综上所述，找立体表面上点的投影时要先进行分析，判断是特殊位置点还是一般位置点，特殊位置点利用积聚性较容易画出，一般位置点必须作辅助线来完成。绘制立体表面上点的投影关键是利用点与线、面的从属关系，即点在某个立体的线、面上，点的投影也一定在该线、面的投影上。

主题二　截交线的投影作图

基本几何体被平面截断后的立体称为截断体，截平面与基本几何体表面的交线称为截交线，截交线所围成的封闭平面图形称为截断面。如图 3-9 所示，平面 P、Q 就是截平面，与立体表面的交线即为截交线，截交线可以是直线，也可以是曲线。

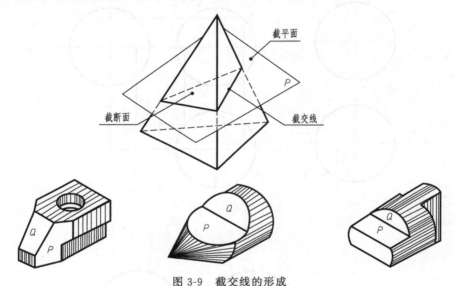

图 3-9　截交线的形成

截交线都具有下面两个基本性质。

（1）共有性　截交线既在截平面上，又在基本几何体表面上，是截平面与基本几何体表面的共有线（共有点集合）。

（2）封闭性　基本几何体表面占有一定的空间，所以截交线是封闭的平面图形。

作图时，可利用以上两个性质判断截交线是否全部作出，避免漏画截交线现象。

一、 平面体的截交线

如果用一个平面去切割平面体，则所形成截交线围成的图形一定是一个封闭的平面多边形。多边形的各个顶点是平面体上棱线与截平面的交点，多边形的每一条边是棱面与截平面的交线。

1. 正六棱柱截交线

正六棱柱的截交线可按棱柱表面取点、取线的方法，求出截平面和棱柱表面的共有线，判断可见性后连接即可。

正六棱柱用截平面 P 截切，其正面投影积聚成直线，求作截交线的水平投影和侧面投影，如图 3-10（a）所示。

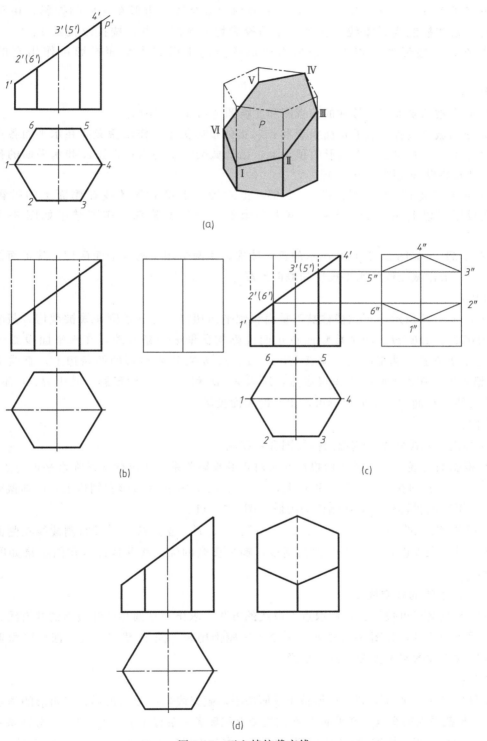

图 3-10 正六棱柱截交线

分析：

正六棱柱所有侧棱线都被截切，形成的截交线是一个封闭的六边形。六边形顶点是各侧棱线与截平面 P 的共有点。因为截平面 P 为正垂面，所以截交线在正面投影积聚成一条直线 P'，$1'$、$2'$、$3'$、$4'$、$5'$、$6'$ 分别为截交线六边形在正面的投影。由于正六棱柱的六条侧棱线为铅垂线，在水平面的投影均积聚成一点，按投影关系 1、2、3、4、5、6 均在正六边形的顶点上，根据六边形顶点的正面和水平面投影可作出它的侧面投影。

作图：

① 画出被切割前正六棱柱的俯视图和左视图 [图 3-10 （b）]。

② 根据截交线各顶点的正面投影和长对正的投影关系，作出截交线在水平面各点投影 1、2、3、4、5、6 均在正六边形的顶点上，已知截交线上的六点在正面和水平面的投影作出其在侧面的投影 [图 3-10 （c）]。

③ 依次连接 $1''$、$2''$、$3''$、$4''$、$5''$、$6''$，正六棱柱上最右侧棱线在侧面上的投影不可见，在投影 $1''$ 以上部分要画虚线，擦去多余的辅助线并描深，作图结果如图 3-10 （d）所示。

【例 3-5】 如图 3-11 （a）所示的正六棱柱，用两个相交的截平面截切，其正面投影积聚成直线，求作截交线的水平投影和侧面投影。

分析：

图 3-11 （a）所示，正六棱柱被正垂面和侧平面切割，有五条侧棱线被截切，截断面为 $ABCDHGF$ 和 $DEIH$。两个截断面在正面投影均积聚成一条直线，在水平面投影中，a、b、c、g、f 在正六边形的五个顶点上，d、e、i、h 在正六边形的两条边上，直线 ED 和 IH 为铅垂线，在水平面投影积聚成点，所以 e、d 和 i、h 分别重影，其中 d、h 不可见，根据截交线的正面和水平面投影可作出它的侧面投影。

作图：

① 画出正六棱柱被切割前的俯视图和左视图。

② 根据截交线各顶点的正面投影和长对正的投影关系，作出截交线在水平面各点投影，a、b、c、g、f 均在正六边形的顶点上，e、d、i、h 在正六边形右侧边上，已知截交线在正面和水平面的投影作出其在侧面的投影 [图 3-11 （b）]。

③ 依次连接 a''、b''、c''、d''、e''、i''、h''、g''、f''，正六棱柱上最右侧棱线在侧面上的投影不可见，在投影 a'' 以上部分要画虚线，擦去多余的辅助线并描深。作图结果如图 3-11 （c）所示。

2. 正三棱锥的截交线

棱锥的截交线可按棱锥表面取点、取线的方法，求出截平面和棱锥表面的共有线，判断可见性后连接即可，如图 3-12 所示，一个正三棱锥用截平面 P 截切，其正面投影积聚成直线，求作截交线的水平投影和侧面投影。

分析：

如图 3-13 （a）所示，正三棱锥被正垂面切割，截交线是一个三角形，三角形的顶点是三条侧棱线与截平面的交点，截平面 P 在主视图上积聚成一条直线 p'，$1'$、$2'$、$3'$ 分别是三条侧棱与 p' 的交点，正三棱锥的左侧棱面为正垂面，在正面投影积聚成一条直线，所以 $1'$、$3'$ 在主

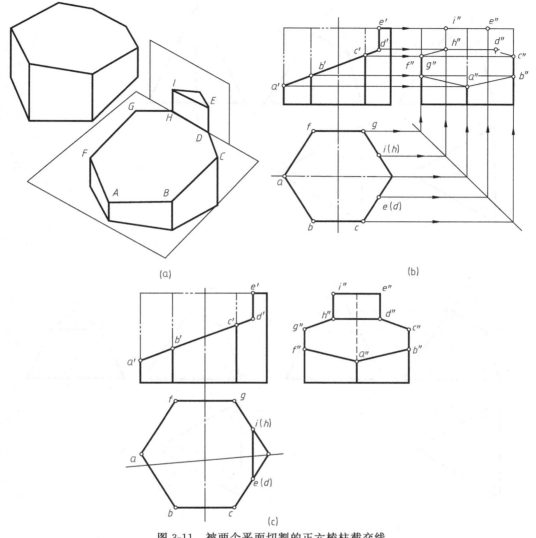

图 3-11　被两个平面切割的正六棱柱截交线

视图中重影，3′在 1′的后面不可见，点Ⅰ、Ⅲ侧面投影在一条等高线上，1″在前面，3″在后面，截交线在水平面投影为类似的三角形。

作图：

① 画出被切割前正三棱锥的左视图轮廓线为一个三角形 ［图 3-13（b）］。

② 根据截交线的正面投影和高平齐投影关系可以作出其侧面投影 ［图 3-13（c）］。水平投影 1、2、3 可由其对应的正面投影按长对正的投影关系直接作出。

③ 在俯视图及左视图上顺次连接各交点的投影，擦去多余的辅助线并描深，即得正三棱锥截交线的投影 ［图 3-13（d）］。

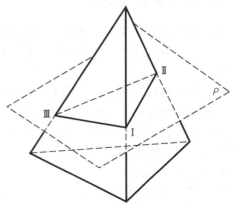

图 3-12　正三棱锥被截切的立体图

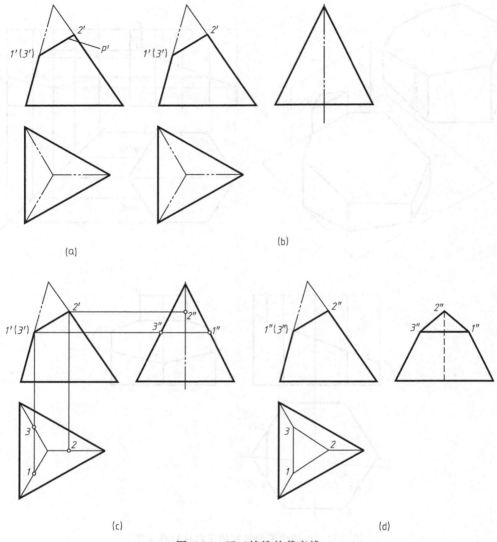

图 3-13　正三棱锥的截交线

二、回转体的截交线

用平面去截切回转体，截平面可以垂直于回转体轴线、平行于回转体轴线和倾斜于回转体轴线三种位置，截交线形状取决于回转体表面形状以及截平面与回转体的相对位置关系。

当平面与回转体相交时，截交线一般为封闭的平面曲线，也可能是由几条直线封闭而成，或者是由直线和平面曲线共同组成的封闭平面图形。为简化作图，一般将截平面放置为特殊位置平面，这样截交线的投影就重合在截平面具有积聚性的同面投影上。求作回转体的截交线的一般过程如下。

① 先求特殊位置点。

② 再求一般位置点。

③ 依次光滑连接各点。

1. 圆柱的截交线

由于截平面与圆柱轴线的相对位置不同,其截交线有三种不同的形状,如表 3-1 所示。

表 3-1　圆柱的截交线

截平面位置	垂直于轴线	平行于轴线	倾斜于轴线
截交线形状	圆	矩形	椭圆
截切立体图	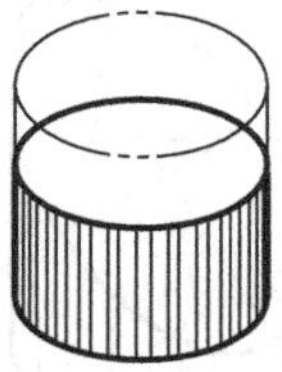	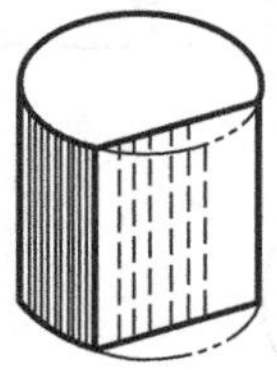	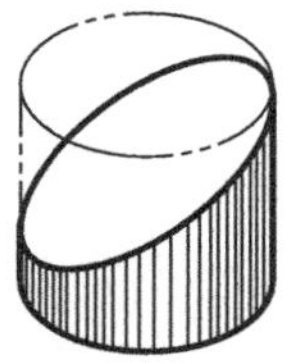
截交线投影图	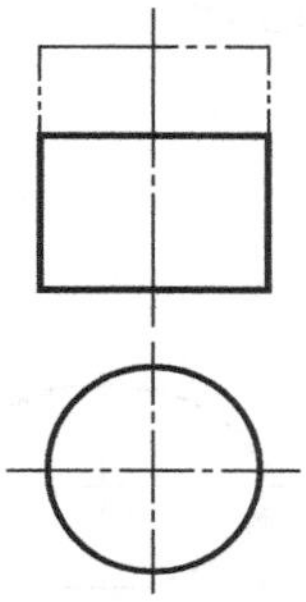	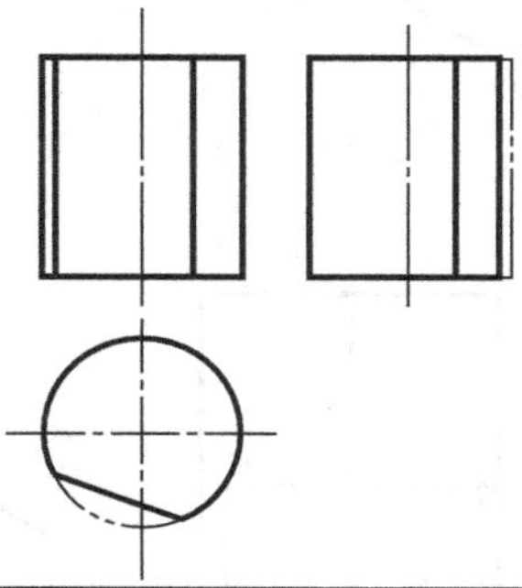	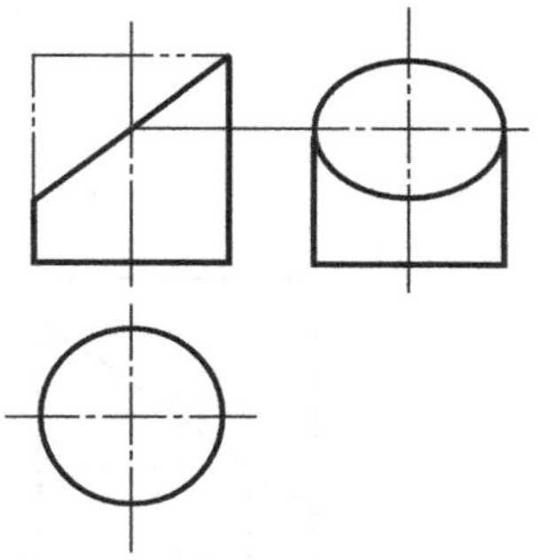

【例 3-6】　已知如图 3-14(a)所示轴测图,求作圆柱被正垂面截切后的截交线。

分析:

如图 3-14(a)所示轴测图,圆柱的底面平行于水平投影面,截平面 P 是正垂面,与圆柱轴线倾斜,截交线为椭圆,所以截交线的正面投影积聚成一条直线。圆柱面在水平面投影积聚成一个反映圆柱实形的圆,其截交线在水平投影均在圆周上,截交线在侧面的投影是一个类似的椭圆。圆柱的截交线可利用圆柱面的积聚性求出截交线上的特殊位置点和一般位置点的投影,判断可见性后光滑连接即可。

作图:

① 画出圆柱未切割前的三视图。

② 求特殊位置点。在截切面上,最低点 A 是圆柱最左轮廓素线上的点,最高点 B 是圆柱最右轮廓素线上的点,点 A、B 也是截交线椭圆长轴的两个端点。最前点 C 和最后点 D 是圆柱最前、最后轮廓素线上的点,也是截交线椭圆短轴的两个端点,空间点 A、B、C、D 在正面投影均在斜线上,在水平投影均在圆周上,可以利用长对正的关系直接画出。然后由四点的正面投影和水平投影作出侧面投影 a''、b''、c''、d''[图 3-14(a)]。

③ 求一般位置点。为了准确作图,应该在特殊位置点之间作出一些一般位置点,例如点 E、F[图 3-14(b)],在正面投影特殊点以外作一条竖直线,与截交线的水平投影交于 e、f,与它的正面投影(倾斜线)交于 e'、f',其中 f' 在后侧,为不可见点,已知点 E、F 的两面投影,很容易作出两点的侧面投影,按同样方法在截交线上其他位置再找一些一般位置点。

④ 按顺序光滑连接左视图上的特殊和一般位置点,即画出截交线在侧面投影的椭圆,该椭圆与圆柱的轮廓线相切。去除多余辅助线,描深切割后的图形,完成圆柱截交线的投影[图 3-14(c)]。

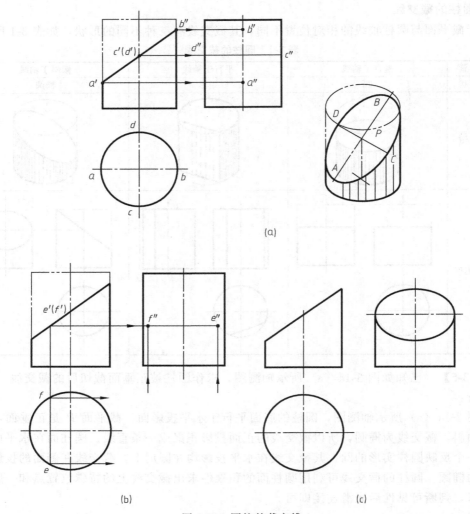

图 3-14　圆柱的截交线

2. 圆锥的截交线

圆锥面没有积聚性，因此，圆锥的截交线只能用圆锥表面取点、取线的方法，求出特殊位置点和一般位置点，判断可见性后光滑连接。

由于截平面与圆锥轴线的相对位置不同，截交线有五种不同的形状，如表 3-2 所示。

表 3-2　圆锥的截交线

截平面位置	过锥顶	不过锥顶			
		$\theta = 90°$	$\theta > \alpha$	$\theta = \alpha$	$\theta < \alpha$
截交线形状	相交两直线	圆	椭圆	抛物线	双曲线
截切 立体图					

续表

截平面位置	过锥顶	不 过 锥 顶			
		$\theta=90°$	$\theta>\alpha$	$\theta=\alpha$	$\theta<\alpha$
截交线形状	相交两直线	圆	椭圆	抛物线	双曲线
截交线 投影图					

【例 3-7】 如图 3-15 所示轴测图，求作圆锥被正垂面截切后的截交线。

分析：

圆锥的底面平行于水平投影面，截平面 P 是正垂面，与圆锥轴线倾斜，截交线在圆锥面上为非圆的平面光滑曲线，截交线的正面投影积聚成一条直线；截交线在水平面和侧面投影均为非圆光滑曲线。

作图：

① 画出圆锥未切割前的左视图。

② 求特殊位置点。由图 3-16（a）可知，最低点 A 是圆锥面最左轮廓素线上的点，最高点 B 是圆锥最右轮廓素线上的点；最前点 C 和最后点 D 是圆锥最前、最后轮廓素线上的点，空间点 A、B、C、D 在正面投影均在斜线上，在侧面投影 a''、b''、c''、d'' 可以利用高

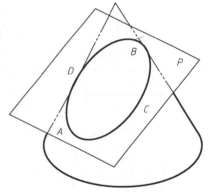

图 3-15 圆锥被截切的立体图

平齐的投影关系直接画出，然后由四点的正面投影和侧面投影作出水平投影 a、b、c、d [图 3-16（b）]。

③ 求一般位置点。为了准确作图，应该在特殊位置点之间作出一些一般位置点，在特殊位置点以外适当位置作水平纬圆与截交线交于点 E、F，与它的正面投影（倾斜线）交于 e'、f'，与截交线的水平投影交于 e、f，其中 f' 在后侧，为不可见点，已知点 E、F 的两面投影，很容易作出两点的侧面投影，按同样方法在截交线上再找一些一般位置点 [图3-16（c）]。

④ 按顺序光滑连接俯视图和左视图上的特殊和一般位置点，即画出截交线在两个投影面投影为非圆光滑曲线，在侧面投影曲线与圆锥的轮廓线相切。去除多余辅助线，描深切割后的图形，完成圆锥截交线的投影 [图 3-16（d）]。

【例 3-8】 如图 3-17（a）所示，已知圆锥切口的主视图，试完成俯、左视图。

分析：

圆锥被正垂面 R 和水平面 P 切割，截平面 R 通过圆锥顶点，与圆锥面的截交线是两条等

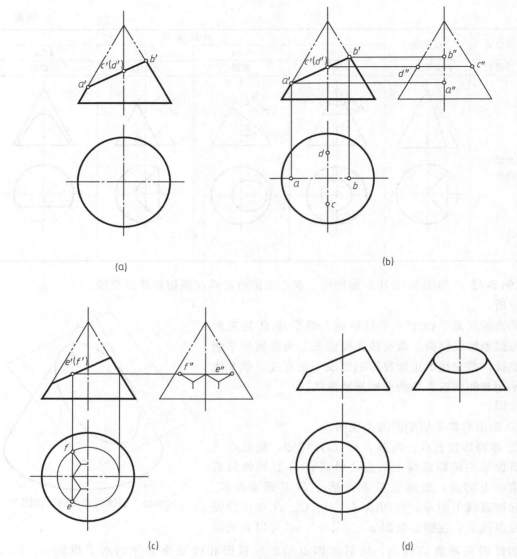

图 3-16 圆锥的截交线

长的相交直线；平面 P 与圆锥面的截交线是一段圆弧。截平面 R 与 P 的交线Ⅰ Ⅱ为正垂线。

作图：

① 作平面 P 的截交线，在圆锥的水平投影中，以 s 为圆心，以主视图中的 $3'$ 到对称中心线距离为半径作圆，过 $1'$（$2'$）作竖直线与刚作圆交于两点，即为空间点Ⅰ、Ⅱ在水平面投影 1、2，得平面 P 的截交线在水平面投影为圆弧 123，平面 P 的截交线在侧面投影通过高平齐直接作出，其侧面投影为水平线。

② 作平面 R 的截交线，连接 $s1$、$s2$，平面 R 的截交线在水平面投影为直线 $s1$、$s2$，已知Ⅰ、Ⅱ两点投影可以作出两点的第三面投影，平面 R 的截交线在侧面投影是一个三角形 $s''1''2''$［图 3-17（b）］。

③ 整理、描深，圆锥面上截交线的投影在水平投影上均可见，画成粗实线。侧面投影中的最前、最后素线投影的切口部分已被切去，不再画出［图 3-17（c）］。

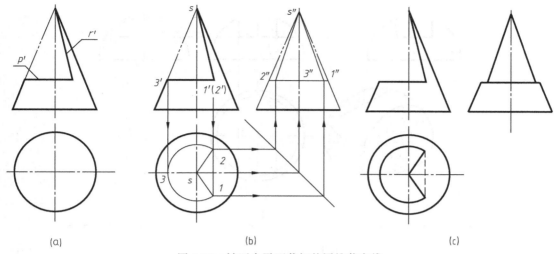

(a)　　　　　　　　　　(b)　　　　　　　　　　(c)

图 3-17　被两个平面截切的圆锥截交线

3. 圆球的截交线

圆球被任意方向截平面截切，截交线都是圆。圆的直径大小取决于截平面与球心的距离，越靠近球心，圆的直径越大。当截平面通过球心，圆的直径最大，等于圆球的直径。

当截平面平行于某一投影面时，截交线在该投影面上的投影为圆的实形，其他两投影面上的投影都积聚为直线，其长度等于圆的直径，称为圆球的特殊截交线，如图 3-18 所示。

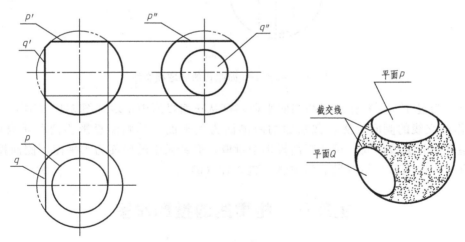

图 3-18　圆球的截交线

【例 3-9】　如图 3-19（a）所示，已知半球切口的主视图，试完成俯、左视图。

分析：

图 3-19（a）所示，半球被两个对称于中心线的侧平面和一个水平面切割，截交线为四段圆弧和两条直线，两条直线为正垂线，半球的最高部分已被切去，求作被切割半球的俯、左视图，可以作辅助圆来完成。

作图：

① 画出未切割前半球的俯、左视图。

② 作截交线的水平面投影，截交线水平投影由两段相同的圆弧和两段积聚性直线组成，

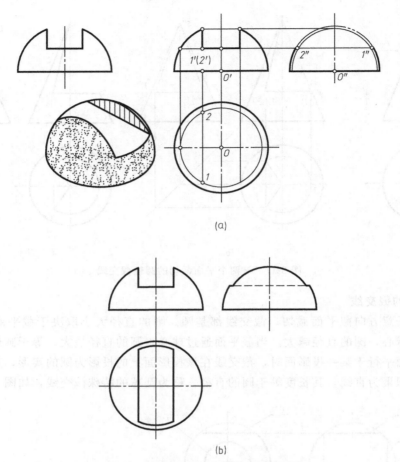

图 3-19 被多个平面截切的圆球截交线

圆弧的半径为过 $1'$（$2'$）作水平纬圆的半径，可从正面投影中量取［图 3-19（b）］。

③ 作截交线的侧面投影，截断面的两侧面为侧平面，其侧面投影为两段重合的圆弧，半径是主视图轮廓线的高，可从正面投影中量取。截断面中的底面为水平面，侧面投影积聚为一条直线，中间部分不可见的为虚线［图 3-19（b）］。

主题三　相贯线的投影作图

两个立体表面相交而且两部分相互贯穿称为相贯，两立体表面的交线称为相贯线。两立体常见的相贯形式有三种：两平面立体相贯、平面立体与回转体相贯、两回转体相贯。常见的两回转体相贯是圆柱与圆柱相贯、圆锥与圆柱相贯以及圆柱与圆球相贯。相贯线的形状由两回转体各自的形状、大小和相对位置决定（图 3-20）。

相贯线的主要性质：

① 表面性　相贯线都在两立体的表面上。

② 封闭性　两回转体相交，其相贯线一般为空间封闭曲线，但在特殊情况下，也可能是平面曲线或直线段。

③ 共有性　相贯线是两立体表面的共有线。

　　求相贯线的作图实质是找出相贯的两立体表面的若干共
有点的投影。

　　求共有点的方法：

　　① 积聚性法；

　　② 辅助平面法；

　　③ 辅助同心球面法。

　　作图步骤：

　　① 找特殊位置点；

　　② 找一般位置点；

　　③ 判断可见性；

　　④ 顺次光滑连接各点。

图 3-20　两回转体相贯

一、 圆柱与圆柱相贯

　　两圆柱正交是工程上最常见的，如图 3-21 （a） 所示，两个不同直径的圆柱就是轴线正
交的两圆柱表面形成相贯线，求作相贯线的投影。

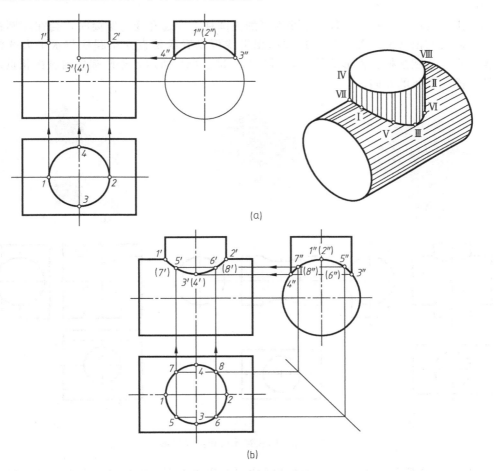

(a)

(b)

图 3-21　两回转体相贯

分析：

两圆柱轴线垂直相交称为正交，当大圆柱轴线水平放置，小圆柱轴线竖直放置，两个圆柱正交形成相贯线为空间曲线，大圆柱面的侧面投影积聚成圆，小圆柱面的水平投影也积聚成圆，相贯线是两个圆柱的共有点，所以它们的相贯线在水平面投影点均在小圆上，在侧面投影是两圆柱投影交点以上的圆弧，已知两圆柱在水平面和侧面投影，很容易画出相贯线的正面投影，如图 3-21（a）中立体图所示。相贯线前后对称，正面投影前后可见部分与不可见部分刚好重合，因此只需作出相贯线的可见部分投影即可。

作图：

① 求特殊位置点。大圆柱最高轮廓素线与小圆柱最左、最右轮廓素线的交点Ⅰ、Ⅱ是相贯线上最高点、最左点、最右点。1、2，1′、2′和1″、2″均可直画出。点 3 是相贯线最低点、最前点，且在各投影的中心线上，3″和 3 可直接作出，再由主、左视图的高平齐的投影关系可以作出 3′，4′与 3′重影为不可见［图 3-21（a）］。

② 求一般位置点。利用积聚性，在侧面投影和水平投影上定出 5″、6″和 5、6，再作出5′、6′［图 3-21（b）］，同理找出 7″、8″和 7、8，再作出 7′、8′。

③ 依次光滑连接 1′、5′、3′、6′、2′，画出相贯线正面投影。

讨论：

① 如图 3-22（a）所示，若在轴线水平的大圆柱上穿通孔变为圆筒时，会在此圆柱外表面与圆柱内表面出现两条相贯线。这样的相贯线可以看成是直立小圆柱与水平大圆柱相贯后，再把直立小圆柱抽去而形成的。如图 3-22（b）、（c）所示，作两圆柱内表面相贯线，方法与外表面相贯线的相同。

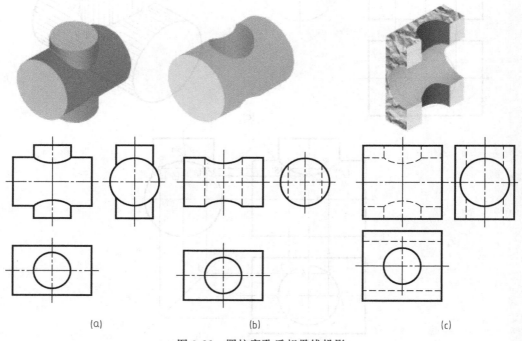

(a)　　　　　　　　　　(b)　　　　　　　　　　(c)

图 3-22　圆柱穿孔后相贯线投影

② 如图 3-23 所示，当轴线垂直的两圆柱相对位置不变，但相对大小变化时，相贯线的形状和位置也随之变化，相贯线的正面投影会向大直径方向凸起。当水平放置的圆柱直径较

大时，两圆柱相贯线正面投影是上下对称的曲线［图 3-23（a）］；当两圆柱直径相等时，相贯线在空间上是两个正交的椭圆，它们的正面投影为两正交的直线［图 3-23（b）］；当水平放置的圆柱直径较小时，两圆柱相贯线的正面投影是左右对称的曲线［图 3-23（c）］。

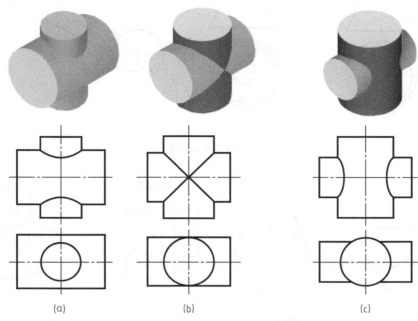

图 3-23　两圆柱正交的不同形式

③ 两圆柱正交的实例很多，当两正交圆柱直径相差较大，作图准确性要求不高时，按国家标准规定，允许采用简化画法作出相贯线的投影，可以用圆弧替代非圆曲线。当平行于正面的两个直径不相等的圆柱正交时，相贯线的正面投影是过相贯线的两个最高点且以大圆柱的半径为半径（即 $R=D/2$）画圆弧即可，圆心在对称中心线上，作图过程如图 3-24 所示。

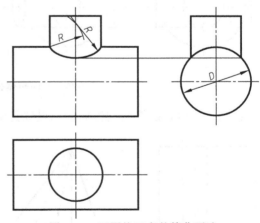

图 3-24　两圆柱正交的简化画法

二、相贯线的特殊情况

一般情况下，相贯线为封闭的空间曲线，但也有特例，下面介绍相贯线的几种特殊情况。

1. 相贯线为平面曲线

① 当两个同轴回转体相贯时，其相贯线是垂直于轴线的圆，在垂直于轴线的投影面投影反映相贯线的实形，在平行于轴线的投影面投影为垂直于轴线的直线（图 3-25）。

② 当两直径相等的圆柱轴线相交，或圆柱与圆锥相交且公切于一个球面时，相贯线是两个相交的椭圆。椭圆所在的平面垂直于两条相交轴线所在的平面（图 3-26）。

2. 相贯线为直线

如果两圆柱轴线平行，那么两圆柱面的相贯线是两条平行直线（图 3-27）。如果两圆锥

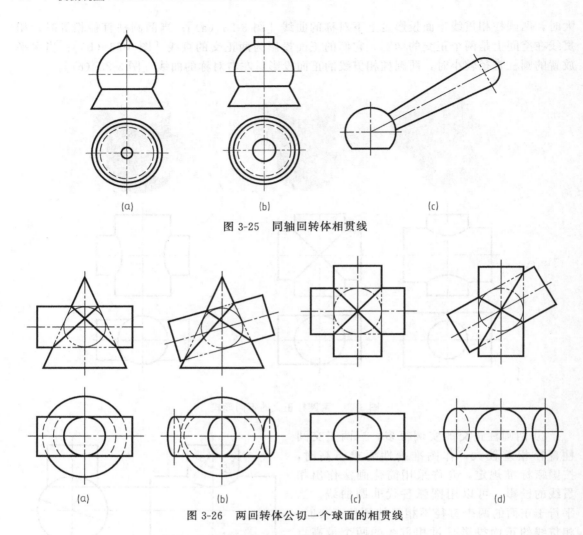

(a)　　　　　　　(b)　　　　　　　(c)

图 3-25　同轴回转体相贯线

(a)　　　　　　(b)　　　　　　(c)　　　　　　(d)

图 3-26　两回转体公切一个球面的相贯线

顶点在同一点时，那么两圆锥面的相贯线是两条相交的直线。

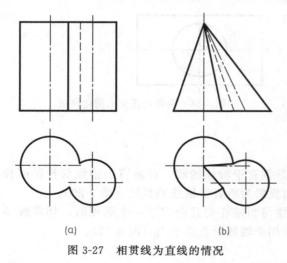

(a)　　　　　　(b)

图 3-27　相贯线为直线的情况

三、综合实例

【**例 3-10**】　　已知相贯体的俯、左视图，求作主视图。

由图 3-28（a）所示，该相贯体由一个竖直长方筒与一个水平圆柱筒正交而成，内外表面都有相贯线。内外表面均是长方体表面与圆柱面相交，内外表面的相贯线都是两条直线和两条圆弧线，以相贯线的外表面为例来说明投影特点，相贯线外表面的水平投影积聚成一个长方形，其侧面投影积聚在它们投影交点以上的一段圆弧上，正面投影为一条水平的直线和两条较短的竖直线〔图 3-

28（b）]，可根据高平齐的投影关系求得［图 3-28（c）］。内表面相贯线正面投影与外表面的作图方法相同，作图较简单，不再细说。

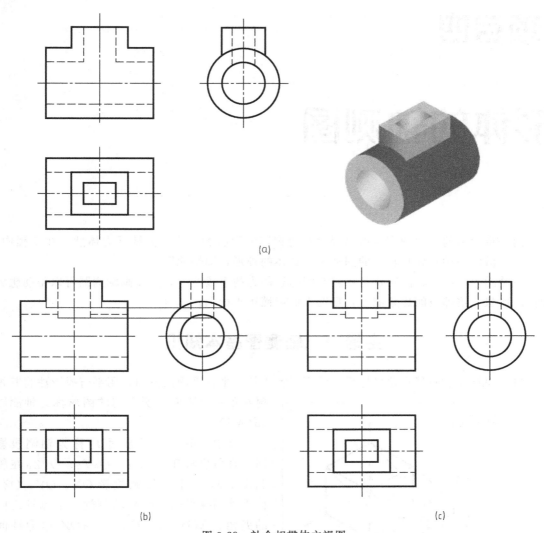

图 3-28　补全相贯体主视图

项目四

形体的轴测图

前一章学习的三视图完全可以表示空间物体的形状和大小，但缺乏立体感。在工程中，往往需要借助一种立体感较强的图来表达物体的外形，即轴测图。

在制图教学中，轴测图也是培养空间构思能力的手段之一，通过画轴测图可以帮助想象物体的形状，培养空间想象能力，帮助人们读懂正投影图。

主题一　轴测图基本知识

将空间物体连同其直角坐标系，沿不平行于任一坐标平面的方向，用平行投影法将其投射在单一投影面上所得到的图形称为轴测图（图 4-1）。

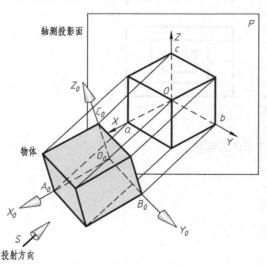

图 4-1　轴测图的形成

其中：单一的投影面 P 称为轴测投影面。直角坐标轴 O_0X_0、O_0Y_0、O_0Z_0 在轴测投影面 P 上的轴测投影 OX、OY、OZ，称为轴测投影轴，简称轴测轴。轴测轴之间的夹角 $\angle XOY$、$\angle YOZ$、$\angle XOZ$ 称为轴间角，三根轴测轴交于一个共同点称为原点 O，轴测轴的单位长度与相应直角坐标轴的单位长度的比值称为轴向伸缩系数。X 轴、Y 轴和 Z 轴的轴向伸缩系数分别用 p_1、q_1 和 r_1 表示，伸缩系数可以简写分别用 p、q 和 r 表示。

根据投射方向与轴测投影面的相对位置，轴测图分为两类：投射方向与轴测投影面垂直所得的轴测图称为正轴测图；投射方向与轴测投影面倾斜所得的轴测图称为斜轴测图。

轴测投影的基本性质：

① 平行性　在物体上互相平行的线段，在投影面投影仍互相平行。在物体上平行于坐标轴的线段，在投影面投影仍平行于相应的轴测轴，且同一轴向所有线段的轴向伸缩系数

相同。

② 度量性　在物体上与轴测轴平行的线段尺寸可以直接沿轴向量取。在画轴测图时，找到能直接量取的尺寸对画图很重要，这一点也是画图的关键。物体上不平行于轴测轴的线段，要先找线段两端点的投影，再连线即可。

主题二　正等轴测图

一、正等轴测图的形成

使直角坐标系的三根坐标轴对轴测投影面的倾角相等，并用正投影法向轴测投影面投射所得的图形叫正等轴测图，简称正等测。

由于倾角相等，所以投影后正等轴测图的轴间角均为 $120°$，轴向伸缩系数为 0.82，简化为 1，即 $p=q=r=1$。也就是说，作图时凡平行于轴测轴的线段，可直接按物体上对应线段的原长量取绘图，不积聚，不需换算。虽然采用简化轴向伸缩系数绘制的正等轴测图，比实际投影大一些，但并不影响立体感，反而使作图更方便了。为使图形稳定一般取 O_1Z_1 为竖直线，如图 4-2 所示。

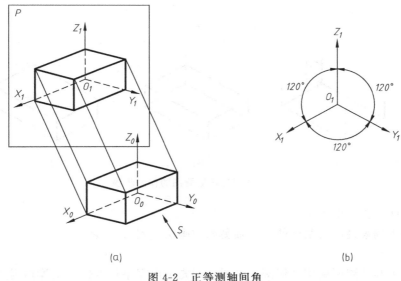

(a)　　　　　　　　　　　　(b)

图 4-2　正等测轴间角

二、正等轴测图的画法

1. 平面立体正等轴测图的画法

（1）四棱柱的正等轴测图

分析：

画四棱柱轴测图用坐标法，即根据四棱柱的特点，选择其中一个顶角作为空间坐标原点，并以过该顶角的三条棱线为坐标轴，先画出轴测轴，然后用各顶点的坐标分别定出四棱柱八个顶点的轴测投影，依次连接各顶点，即得四棱柱的正等轴测图。

作图：

① 选定四棱柱的一个顶角 O 为坐标原点（右后下角），坐标轴为 OX、OY、OZ [图 4-3 (a)]。

② 画轴测轴 [图 4-3 (b)]。

③ 在轴测轴上作四棱柱的底面，由于底面的两个边与坐标轴重合，所以直接在轴测轴上量取底面边长即可 [图 4-3 (c)]。

④ 过底面四个顶角作平行于 OZ 轴的直线，在直线上截取四棱柱的高 [图 4-3 (d)]。

⑤ 连接各截取点即为四棱柱的四个顶点 [图 4-3 (e)]。

⑥ 擦去多余的线 [图 4-3 (f)]。

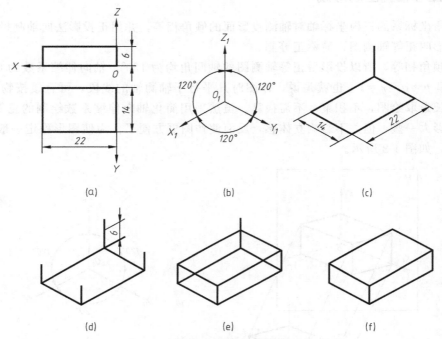

图 4-3　四棱柱正等测图的作图步骤

（2）切割体的正等轴测图

以四棱柱为例来说明切割体的正等轴测图的画法 [图 4-4 (a)]。

分析：

切割体的正等轴测图要用到切割法绘图，即先画出完整长方体的正等轴测图，然后逐一画出各切割部分，从而得到该立体的轴测图。

作图：

① 定坐标原点及坐标轴。

② 根据三视图上测量的整体尺寸作出完整长方体的轴测图 [图 4-4 (b)]。

③ 按主视图左上角的对应尺寸切去左上角，截切面为水平面和正垂面 [图 4-4 (c)]。

④ 量取俯视图左侧的对应尺寸切去左面方槽，截切面为两个正平面和一个侧平面 [图 4-4 (d)]。

⑤ 量取左视图对称中心线的对应尺寸切去上面方槽，截切面为两个正平面和一个水平面 [图 4-4 (e)]。

⑥ 擦去多余的作图线并描深，完成正等轴测图 [图 4-4 (f)]。

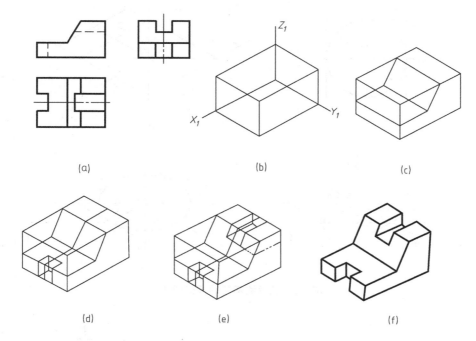

(a) (b) (c)

(d) (e) (f)

图 4-4 切割法画正等轴测图

2. 曲面立体正等测图的画法

以圆柱正等测图为例来说明曲面立体正等轴测图。

分析：

只要做出圆柱上下两圆的正等轴测图，然后作出两椭圆的公切线即为所求。

（1）平行于坐标面的圆的正等测的画法

方法：外切菱形法。

作图：

① 定坐标轴及坐标原点。根据圆与坐标轴的交点定出切点 1、2、3、4 ［图 4-5（a）］。

② 画轴测轴，定出四个切点 1_1、2_1、3_1、4_1，过四点分别作 X、Y 轴的平行线，得外切正方形的轴测图（菱形）［图 4-5（b）］。

③ 过菱形两顶点 a_1、b_1，连 a_12_1、b_14_1 得交点 c_1、d_1，a_1、b_1、c_1、d_1 即为形成近似椭圆的四段圆弧的圆心 ［图 4-5（c）］。

④ 分别以 a_1、b_1 为圆心，a_12_1 为半径作弧 1_12_1、3_14_1；分别以 c_1、d_1 为圆心，c_14_1 为半径作弧 1_14_1、2_13_1，得圆轴测图（椭圆）［图 4-5（d）］。

平行于不同坐标面圆的正等测椭圆的方位如图 4-6 所示，图 4-7 所示为三种不同位置圆柱的正等测。

（2）圆柱正等测的画法

作图：

① 作轴测轴，定圆柱上下两圆的圆心，画上下两圆的椭圆 ［图 4-8（b）］。

② 作出两边轮廓线（注意切点）［图 4-8（c）］。

③ 去除多余辅助线，描深并完成全图 ［图 4-8（d）］。

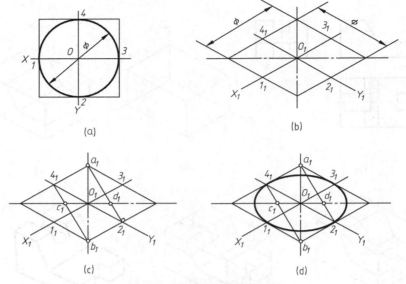

图 4-5　正等测椭圆的近似画法

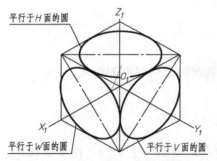

图 4-6　平行坐标面上圆的正等测

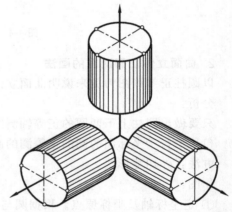

图 4-7　底圆平行各坐标面的圆柱的正等测

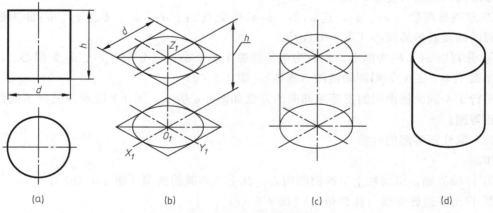

图 4-8　圆柱正等轴测图的画法

（3）圆角正等测图的画法

图 4-9（a）是圆角长方体的主、俯视图，完成它的正等测图。

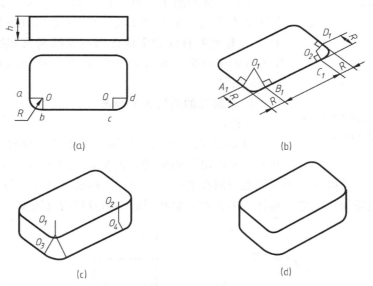

图 4-9　圆角正等测图的画法

作图：

① 作出长方体的正等轴测图，在上表面对应角的两边上分别截取 R，得两交点 A_1、B_1 及 C_1、D_1，过这四点分别作该边的垂线交于 O_1、O_2，分别以 O_1、O_2 为圆心，O_1A_1、O_2D_1 为半径画弧 A_1B_1、C_1D_1［图 4-9（b）］。

② 按板的高度 H 移动圆心和切点到下底板，分别以 O_3、O_4 为圆心，用与上底板圆角相同的作法，作出下底板的圆角的轴测图［图 4-9（c）］。

③ 擦去多余线条，加深轮廓线，完成正等轴测投影［图 4-9（d）］。

主题三　斜二轴测图

将使坐标面 XOZ 平行于轴测投影面 P，使坐标轴 OZ 置于铅垂位置，如图 4-10 所示，用斜投影法将物体连同其直角坐标轴一起向 P 面投射，所得到的轴测图称为斜二轴测图。

一、轴间角和轴向伸缩系数

由于坐标面 XOZ 平行于轴测投影面 P，所以轴测轴 OX、OZ 仍分别为水平方向和铅垂方向，其轴间角 $\angle XOZ = 90°$，轴向伸缩系数 $p_1 = r_1 = 1$。轴测轴 OY 的方向和轴向伸缩系数 q，可随着投射方向的变化而变化。为了绘图简便，

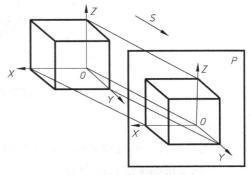

图 4-10　斜二轴测图的形成

国家标准规定，选取轴间角 $\angle XOY = \angle YOZ = 135°$，$q_1 = 0.5$，如图 4-11 所示。

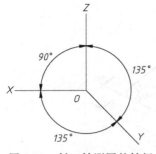

图 4-11　斜二轴测图的轴间
角和轴向伸缩系数

二、斜二轴测图画法

在斜二轴测图中，由于轴测轴 OX、OZ 仍分别为水平方向和铅垂方向，其轴间角 $\angle XOZ = 90°$，所以物体上平行于 XOZ 坐标面的直线和平面图形均反映实长和实形，因此当物体上有较多的圆或圆弧平行于 XOZ 坐标面时，采用斜二测作图比较方便。

1. 带圆孔的六棱柱的画法

分析：

图 4-12（a）所示，是螺母未加工螺纹时的半成品，它是由正六棱柱切割而成的，前后端面轮廓为正六边形平行于正面，确定直角坐标系时，使坐标原点与圆孔的中心重合，坐标面 $X_0O_0Y_0$ 与正面平行，选择正面作为轴测投影面。这样，物体上的正六边形和圆的轴测投影均反映实形，便于作图。

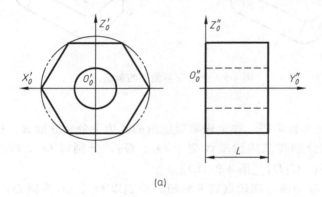

(a)

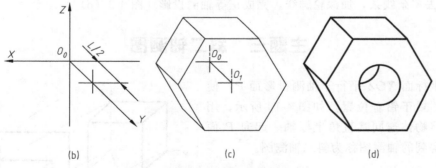

(b)　　　　　(c)　　　　　(d)

图 4-12　带圆孔的六棱柱的斜二测画法

作图：

① 先确定斜二测直角坐标轴，并画出轴测轴，得到后端面的中心，沿 Y 轴方向向前平移 $L/2$，即为前端面圆孔的中心 ［图 4-12（b）］。

② 画出前后端面的正六边形，连接前后端面正六边形的顶点，完成六棱柱外部轮廓 ［图 4-12（c）］。

③ 在平面图上直接量取圆孔直径并在六棱柱前端面上作圆，同时作出后端面圆的可见

部分［图 4-12（d）］。

　④擦去多余线条，加深轮廓线，完成正等轴测投影［图 4-12（c）］。

2. 沉头孔圆柱的画法

分析：

　圆柱的前、后端面及内部孔都是圆。因此，将前、后端面平行于 $X_0O_0Z_0$ 坐标面放置，作图很容易，视觉效果也较好。

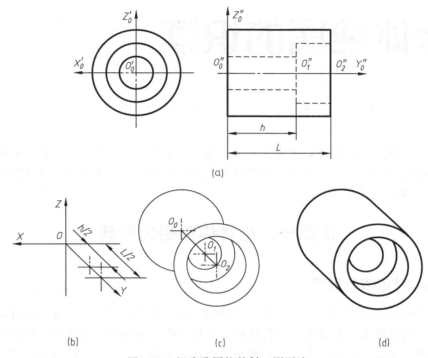

图 4-13　沉头孔圆柱的斜二测画法

作图：

　① 先确定坐标系，再作轴测轴，定出沉头孔后端面中心，在 Y 轴上量取 $h/2$、$L/2$，定出沉孔的台阶圆心 O_1，前端面的圆心 O_2［图 4-13（b）］。

　② 画出前、后端面圆的轴测图，沉孔可见部分的轴测图［图 4-13（c）］。

　③ 作两端面圆的公切线，擦去多余的作图线并描深［图 4-13（d）］。

项目五

组合体视图的识读

组合体是工程形体的模型，本章首先学习组合体的构成方式及分析方法，在此基础上深入学习绘制组合体视图，阅读组合体视图及组合体尺寸标注的基本方法，为工程形体的表达及工程图样的阅读奠定基础。

主题一　组合体的组合形式

一、组合体的组合形式

组合体是指由若干基本体按一定的方式组合而成的形状比较复杂的类似机器零件的形体。组合体的组合形式有叠加型、切割型和综合型三种。叠加型组合体可看成是由若干基本形体叠加而成，如图 5-1（a）所示。切割型组合体可看成是一个完整的基本体经过切割或穿孔后形成的，如图 5-1（b）所示。多数组合体则是集合以上两种方法，既有叠加又有切割的综合型，如图 5-1（c）所示。

(a)叠加型　　　　　　　　　　(b)切割型　　　　　　　　　　(c)综合型

图 5-1　组合体的组合形式

如表 5-1 所示，叠加和切割的组合过程，展示了组合体的形成过程。

二、组合体中相邻形体表面的连接关系

形体叠加、切割或穿孔组合后，形体之间可能处于上下、左右、前后或对称、同轴等相

表 5-1　组合体的形成过程

形 体	组 合 形 式	
	叠加	切割
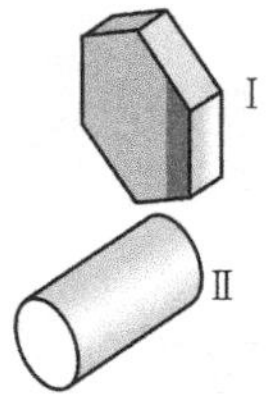	 I + II	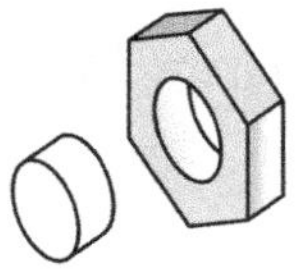 I − II
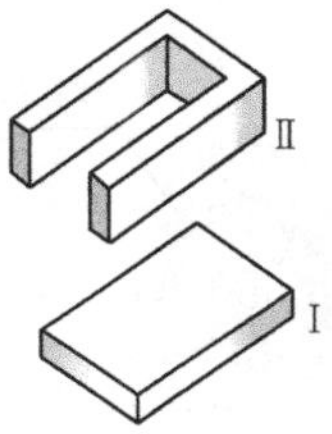	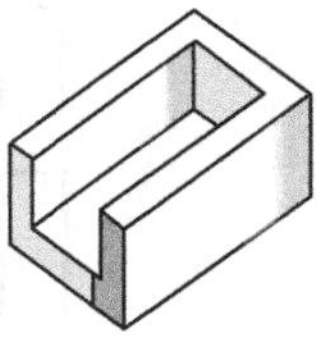 I + II	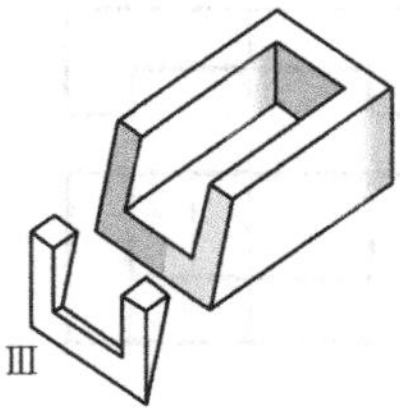 (I + II) − III
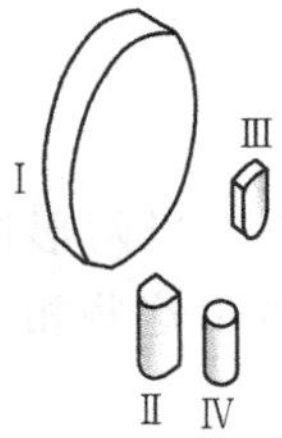	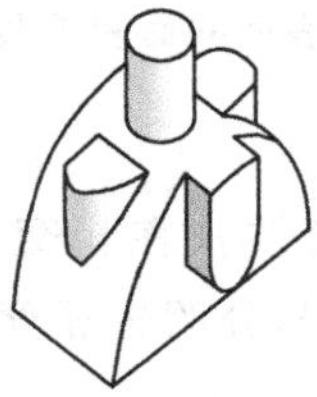 1/2(I) + 2(II) + III + IV	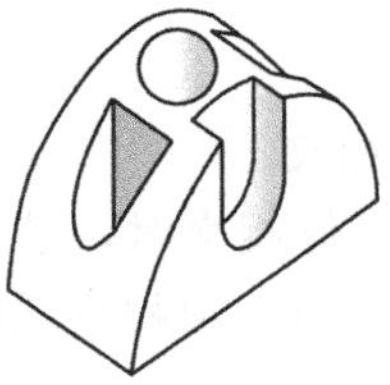 1/2(I) − 2(II) − III − IV
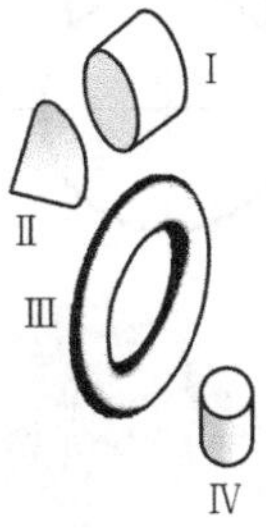	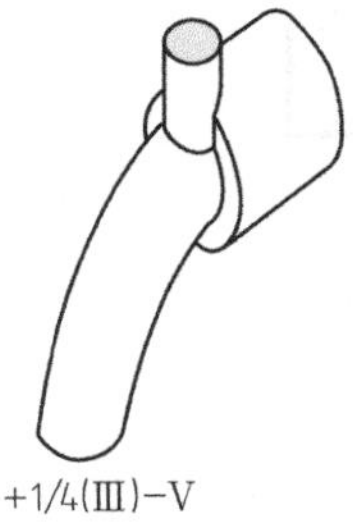 I + 1/4(III) − V	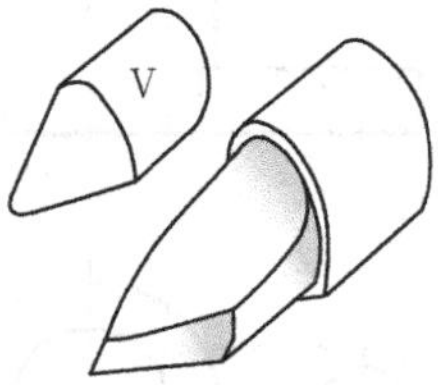 I + IV − V

对位置。形体的相邻表面之间可能形成共面、相切或相交三种特殊关系（图 5-2）。

1. 共面

当两形体邻接表面不共面时，两形体的投影应有线隔开，如图 5-3（a）所示。当两形体邻接表面共面时，在共面处不应有邻接表面的分界线，如图 5-3（b）所示。

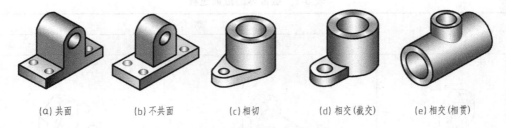

(a) 共面   (b) 不共面   (c) 相切   (d) 相交（截交）   (e) 相交（相贯）

图 5-2　两表面的连接关系

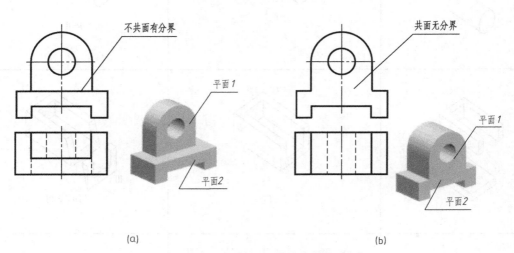

(a)　　　　　　　　　　　　　　　　　(b)

图 5-3　两表面共面和不共面画法

2. 相交

两形体相交时，其相邻表面必产生交线，在相交处应画出交线的投影。当两形体截交 ［图 5-4（a）］和相贯 ［图 5-4（b）］时，都会产生相交线，因此画图时要画出这些相交线的投影。

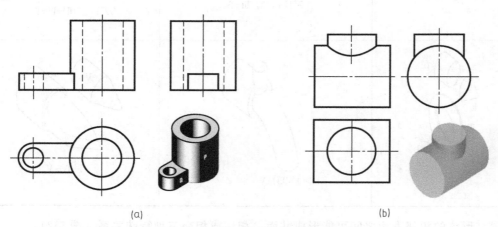

(a)　　　　　　　　　　　　　　　　　(b)

图 5-4　两表面相交的画法

3. 相切

当两形体邻接表面相切时，由于相切是光滑过渡，所以切线的投影不画，相切处画线是错误的，如图 5-5 所示。

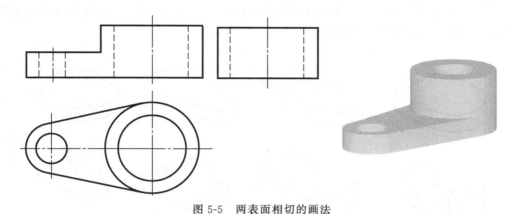

图 5-5 两表面相切的画法

主题二 画组合体的方法与步骤

画组合体视图时，首先要假想把组合体分解成若干个基本几何体或组成部分，通过分析各基本几何体或各组成部分的形状、相对位置、组合方式及连接关系，判断形体间相邻表面是否存在共面、相切或相交的关系，从而达到了解整体的目的，这种分析方法称为形体分析法。

形体分析方法是贯穿于一切工程图绘制、阅读及尺寸标注全过程的基本思维方法，其目的就是便于准确地理解组合体的形状及结构。

组合体的分解过程往往不是唯一的，可以用不同的方式分解达到最后一个共同目的，如

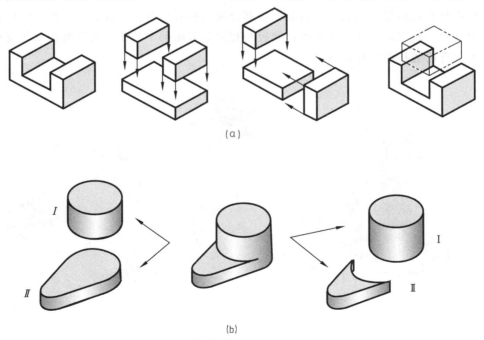

(a)

(b)

图 5-6 组合体的分解过程

图 5-6 所示。

为简化形体分析过程，对一些常见的简单组合体，可以直接把它们作为构成组合体的形体，不必再做进一步的分解（图 5-7）。

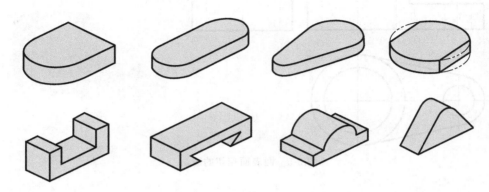

图 5-7　常见的简单组合体

分解组合体是一种假想的分析问题的方法，实际组合体是一个完整的整体。运用形体分析法分解组合体，可以把画或看比较复杂的组合体视图的问题，转化为画或看比较简单的基本几何体或简单组合体视图的问题。形体分析法是学习画组合体视图或看组合体视图的基本方法。下面就用学习形体分析法来画各种组合体视图。

一、叠加型组合体的视图画法

1. 形体分析

如图 5-8 所示支座，首先要分解形体，根据形体结构特点，可将其看成是由底板、肋板、支撑板和套筒四部分组成，然后分析各部分间的相对位置及表面过渡关系。底板和支撑板后表面共面，前表面错开，不共面；肋板与套筒前后面都不共面，套筒两侧面与支撑板相切；底板上有两通孔前面有圆角。

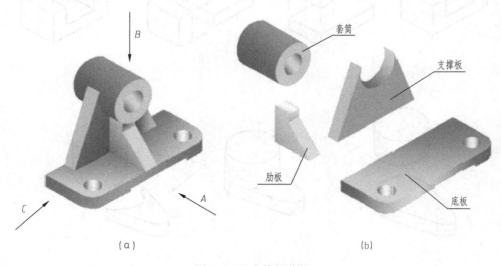

图 5-8　组合体的分解

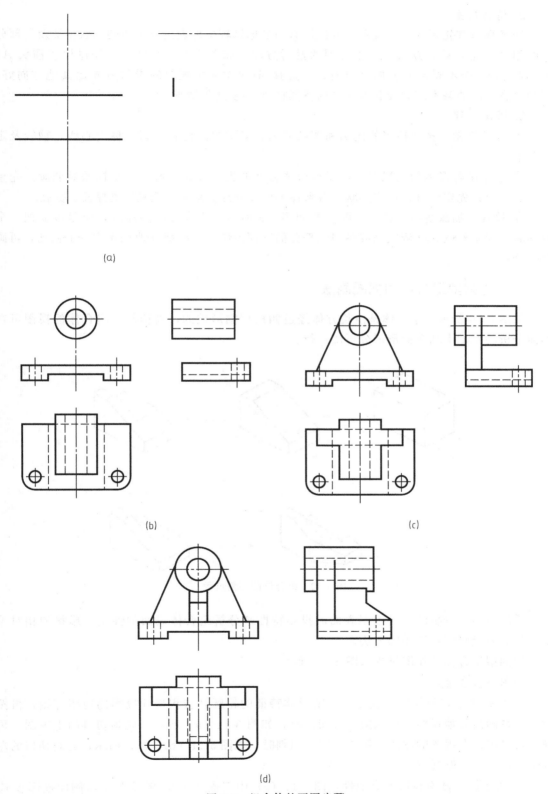

(a)

(b)   (c)

(d)

图 5-9 组合体的画图步骤

2. 选择视图

选择视图首先要选择主视图，其选择原则是选择较多地表达出物体的形状特征及各部分间的相对位置关系的方向作为主视图的投射方向。如图 5-8（a）所示，经过比较箭头 A、B、C 所指三个不同投射方向可以看出，选择 A 向作为主视图的投射方向比其他方向好，因为组成支座的基本形体及其整体结构特征在 A 向表达最清晰。

3. 画图步骤

① 布置视图。选择适当的比例和图纸幅面，确定视图位置，画对称中心线、轴线及定位基准线。

② 逐个画各形体的三视图。从反映形体特征的视图开始画起，三个视图对照画。先整体，后局部；先定位置，后定形状。各形体的画图顺序为底板、套筒、支撑板、肋板。

③ 检查、加深线条。具体作图步骤如图 5-9 所示。为提高绘图速度，应尽可能把三个视图联系起来作图，并依次完成各组成部分的三面投影，不要孤立地先完成一个视图，再画另一个视图。

二、切割型组合体的视图画法

如图 5-10 所示，组合体是由长方体经过四次切割形成的，画切割型组合体的视图可在形体分析的基础上结合面形成分析法进行。

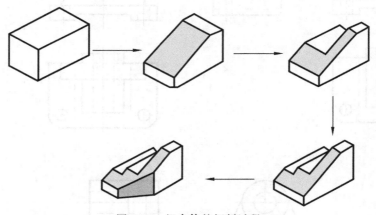

图 5-10　组合体的切割过程

所谓面形成分析法，是根据表面的投影特性来分析组合体表面的性质、形状和相对位置，从面完成画图和读图的方法。

切割型组合体的作图过程如图 5-11 所示。

画图时应注意：

① 作每个切口投影时，应先从反映形体特征的轮廓且有积聚性投影的视图开始，再按投影关系画出其他视图。例如第一次切割时，如图 5-11（a）所示，先画切口的主视图，再画出切口俯、左视图的图线；第二、三次切割时，如图 5-11（b）、（c）所示，先画切口的左视图，再画主、俯视图。

② 注意切口截面投影的类似性，图 5-11（c）中斜面 P 的水平投影 p 与侧面投影 p″ 应为类似形。

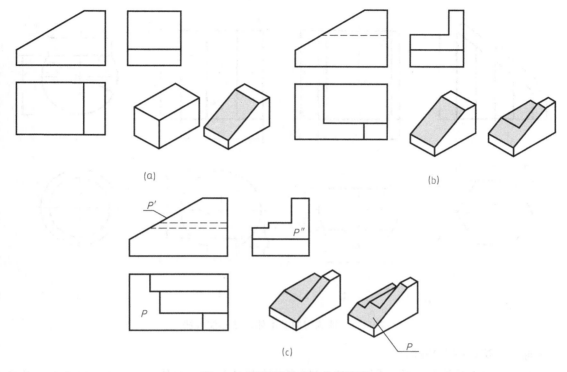

图 5-11　切割型组合体作图过程

主题三　组合体的尺寸标注

一、尺寸标注的基本要求

（1）标注正确　即尺寸标注时应严格遵守相关国家标准的规定，同时尺寸的数值及单位也必须正确。

（2）尺寸完整　即要求标注出能完全确定形体各部分形状大小及相对位置的尺寸，不得遗漏，也不得重复。

（3）布置清晰　即尺寸应标注在最能反映物体特征的位置上，且排布整齐、便于读图和理解。

（4）标注合理　就工程图样而言，尺寸标注应满足工程设计要求和制造工艺要求。而对于组合体，尺寸标注的合理性主要体现在尺寸标注基准的选择及运用上。

为掌握组合体的尺寸标注，在掌握基本几何体尺寸标注的基础上，还应熟悉几种被截切的基本几何体的尺寸标注。对于带切口的形体，除标注基本几何体尺寸外，还要注出确定截平面位置的尺寸。必须注意，由于形体与截平面的相对位置确定后，切口的交线已确定，因此不应在截交线上标注尺寸。如图 5-12 所示，其中画出"×"的为多余尺寸。

二、尺寸基准的选定

1. 尺寸基准

基准就是标注尺寸的起点。组合体是一个空间形体，有长、宽、高三个方向的尺寸，每

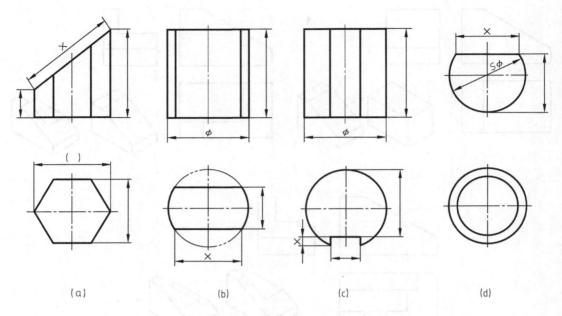

图 5-12 被截切的基本体尺寸标注方法

个方向至少要有一个基准。

为满足加工或测量需要，同一方向可以有几个尺寸基准，则其中一个为主要基准，其余为辅助基准，但主要和辅助两基准间必须有直接的尺寸联系。

2. 基准选取

通常以零件的底面、端面、对称平面和轴线作为尺寸基准，选取的实例如图 5-13 所示。

三、尺寸标注的完整性

为了使尺寸标注完整，首先需要对组合体进行形体分析，在熟悉基本几何体和被截切的基本几何体尺寸标注的基础上，按各组成部分尺寸种类（即定形尺寸、定位尺寸和总体尺寸）分别标注，即可做到不重复、不遗漏。

1. 定形尺寸

定形尺寸是指确定组合体各组成部分形状大小的尺寸。如图 5-14 所示，底板长 73mm、宽 33mm、高 9mm、孔径 ϕ9mm、圆角半径 R9mm 等为定形尺寸。

2. 定位尺寸

定位尺寸是指确定组合体各组成部分相对位置的尺寸。定位尺寸应从基准出发标注，如图 5-14 中箭头所指为长、宽、高基准，底板孔在长、宽方向的定位尺寸为 9mm、15mm、55mm 及立板上的孔在高度方向的定位尺寸为 24mm。

注意：定位尺寸的标注一般情况需考虑长、宽、高三个方向的定位尺寸，但当某一个方向的位置很明确时不必标注，如图 5-15 所示立板的定位尺寸。

3. 总体尺寸

总体尺寸是指直接确定组合体总长、总宽、总高的尺寸。如图 5-14 中 73mm 为总长，33mm 为总宽，总高标注了 24mm 和 R17mm 后不必再标注。

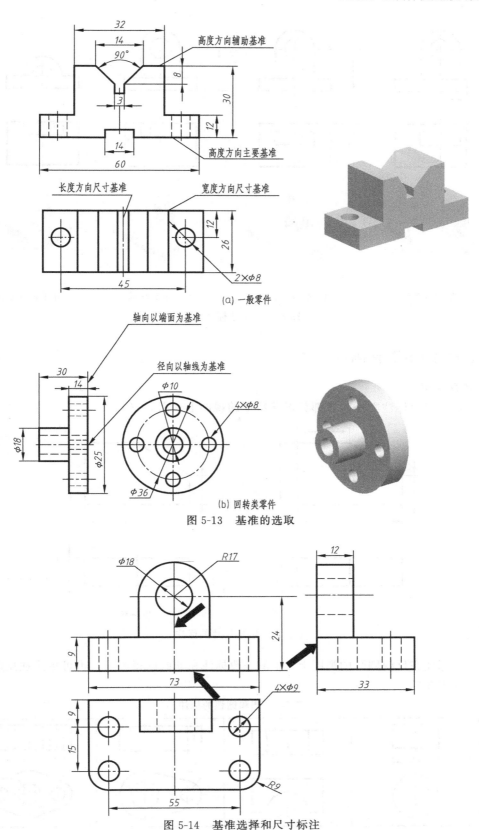

(a) 一般零件

(b) 回转类零件

图 5-13　基准的选取

图 5-14　基准选择和尺寸标注

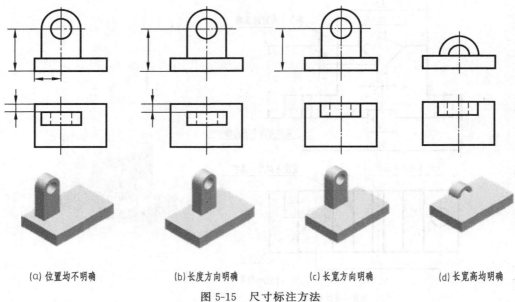

(a) 位置均不明确　　　(b) 长度方向明确　　　(c) 长宽方向明确　　　(d) 长宽高均明确

图 5-15　尺寸标注方法

四、尺寸标注的清晰性

1. 特征突出

定形尺寸尽量标注在反映该部分形状特征的视图上（图 5-16）。

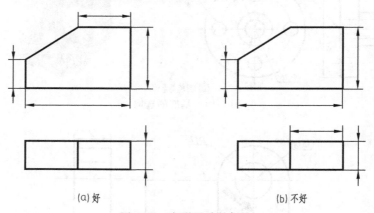

(a) 好　　　　　　　　　(b) 不好

图 5-16　定形尺寸的标注

R 值应标注在反映圆弧的视图上。ϕ 值一般标注在非圆的视图上，也可标注在反映圆弧的视图上（表 5-2）。

表 5-2　圆和圆弧的标注

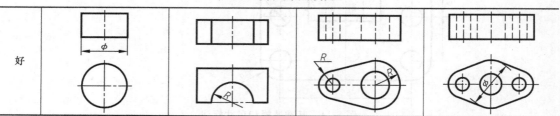

不好或错误	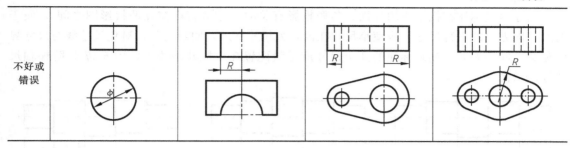

2. 相对集中

同一结构的定形、定位尺寸应尽量集中标注在反映其形状特征最明显的视图上（表 5-3）。

表 5-3　尺寸集中标注方法

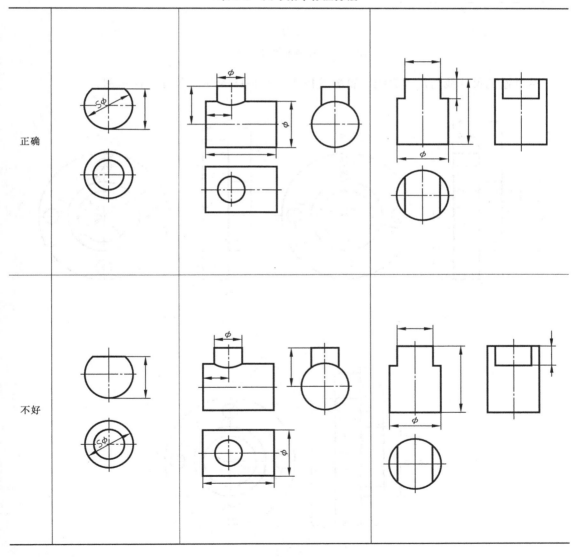

3. 布局整齐

尺寸尽量标注在投影图的外面，与两投影有关的尺寸适宜标注在两投影图之间，便于对照。同方向的平行尺寸，应使小尺寸在内，大尺寸在外，间隔均匀，避免尺寸线与尺寸界线相交。同一方向上连续标注的几个尺寸应尽量配置在少数几条线上，图 5-17 是阶梯轴尺寸标注示例。

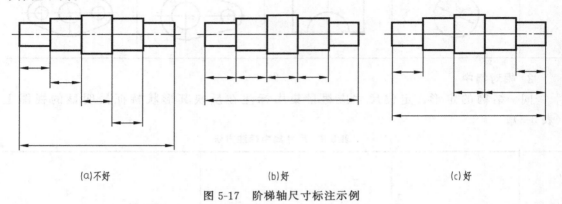

(a)不好　　　　　　　　　(b)好　　　　　　　　　(c)好

图 5-17　阶梯轴尺寸标注示例

尽量避免尺寸线与尺寸界线、轮廓线相交，图 5-18 是法兰尺寸标注示例。

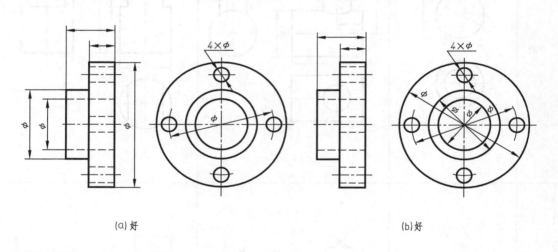

(a)好　　　　　　　　　　　　　　　(b)好

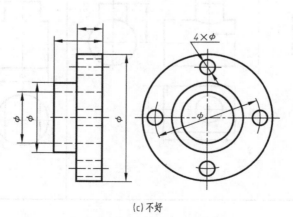

(c)不好

图 5-18　法兰尺寸标注示例

五、组合体的尺寸标注示例

尺寸标注的步骤：

① 形体分析。分析组合体各组成部分的形状和相对位置。

② 选择尺寸基准。

③ 标注定形尺寸。

④ 标注定位尺寸。

⑤ 调整总体尺寸。

下面以轴承座为例说明组合体尺寸标注的过程。

① 对轴承座进行形体分析，如图 5-19 所示。

根据形体结构特点，可将轴承座看成是由底板、套筒、支撑板和肋板四部分组成的。

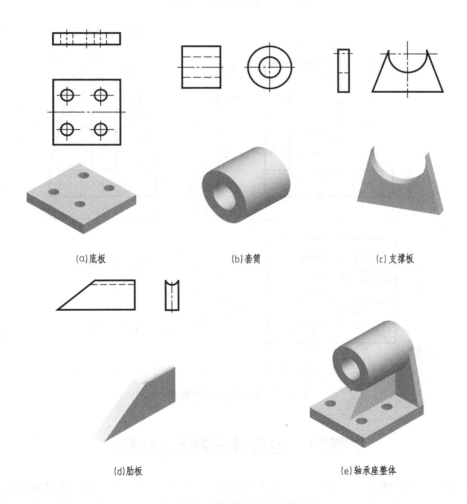

(a)底板　　　　(b)套筒　　　　(c)支撑板

(d)肋板　　　　(e)轴承座整体

图 5-19　轴承座的形体分析

② 选择尺寸基准，如图 5-20 所示。

③ 从基准出发，确定各组成部分之间的相对位置尺寸，如图 5-21 所示。

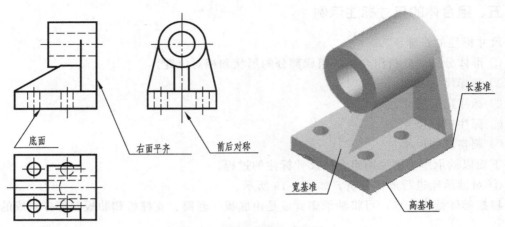

图 5-20 轴承座的基准选择

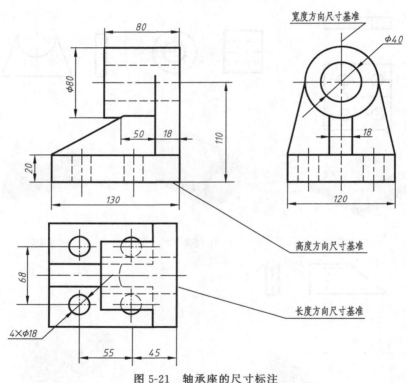

图 5-21 轴承座的尺寸标注

主题四 组合体三视图的识读

　　画图是把空间形体按正投影方法绘制在平面上，读图是根据已经画出的投影图运用投影规律想象出空间形体结构和形状的过程。为了能够正确并且迅速地读图，首先要掌握读图的基本要领和基本方法。

　　读图时应根据投影规律从正面投影即主视图入手，将各投影联系起来看，不能孤立地只看一面或两面投影就下结论，这是读图的基本准则。读图是一个反复的思维过程，即分析、判断、想象，再分析、判断、想象，直到读懂为止的全过程。

一、读图的基本要领

1. 掌握常见组合体的投影特点

常见组合体的简单结构如图 5-22 所示。

(a)　　　　　　　　　　　　　　　　　(b)

(c)　　　　　　　　　　　　　　　　　(d)

(e)　　　　　　　　　　　　　　　　　(f)

图 5-22　常见组合体简单结构

2. 要将几个视图联系起来读图

机械图样中的一个视图只能反映机件一个方向的形状，仅由一个或者两个视图往往不能完整地表达机件的形状，机件的形状一般是通过多个视图来表达的。如图 5-23（a）所示的图形，主视图相同，但左视图不同，不能唯一确定机件的形状。如图 5-23（b）所示，主视图、俯视图形状相同，但物体的形状却不同。

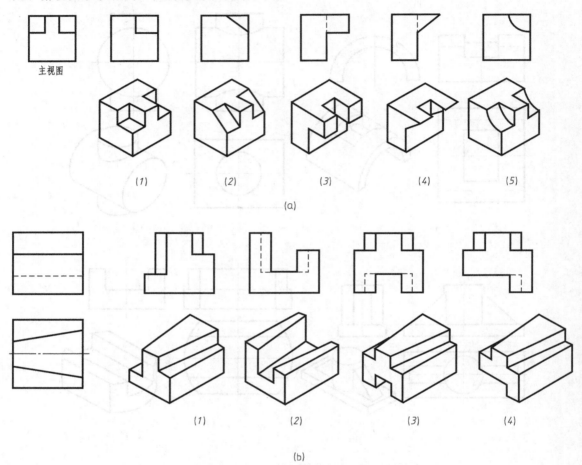

图 5-23　一个或两个视图不能确定机件形状的示例

3. 要找出特征视图

如图 5-24 所示，左视图为物体结构的特征视图。

4. 要弄清视图中"图线"的含义

如图 5-25 所示，图中各图线都具有不同的含义。

5. 要弄清视图中"线框"的含义

如图 5-26 所示，视图中的每个封闭线框都具有不同的含义。

要判断出相邻表面间的相对位置，指出各视图中相邻表面之间的位置关系，如图 5-27 所示。

二、读图的方法和步骤

1. 用形体分析法读图

读图方法与画图基本相同，运用形体分析法，它是读组合体视图的基本方法。通常要把

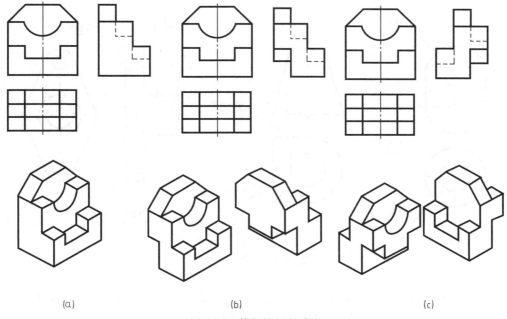

(a)　　　　　　　　　　　(b)　　　　　　　　　　　(c)

图 5-24　特征视图的确定

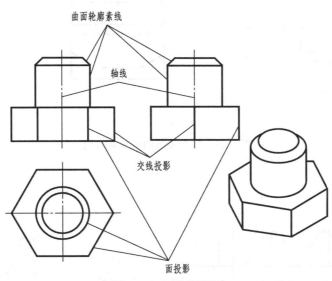

图 5-25　图线的含义

比较复杂的视图，按线框分成几个部分，运用三视图的投影规律。分别联想各形体的形状及相互连接方式，最后综合起来想出整体形状。下面以图 5-28 所示组合体三视图为例，说明运用形体分析法读组合体视图的方法与步骤。

步骤一：抓主视，看大致，划线框，分形体。

从主视图入手，看出形体大致形状，将组合体按线框划分为四个部分，如图 5-28 所示。

步骤二：按投影，想形体。

从主视图开始，分别把每个线框所对应的其他投影找出来，确定每组投影所表示的形体

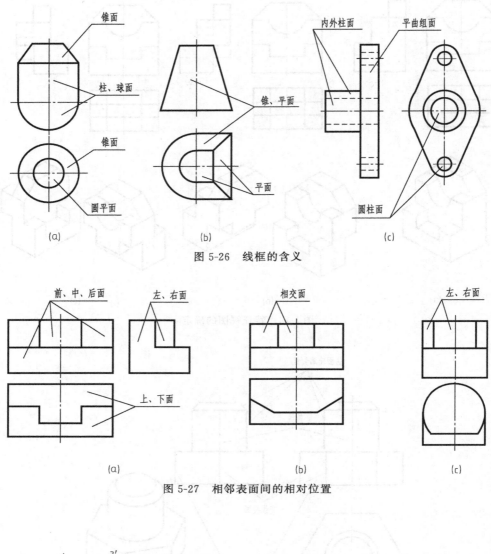

图 5-26　线框的含义

图 5-27　相邻表面间的相对位置

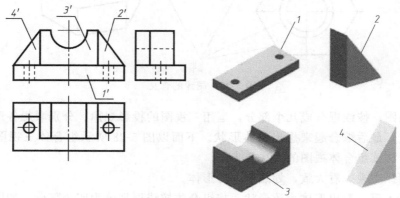

图 5-28　划线框分解形体过程

形状，如图 5-29（a）～（c）所示。

步骤三：按形体，定位置，合起来，得整体。

在读懂每部分形状的基础上，根据物体的三视图，进一步研究它们的相对位置和连接关系，综合想象而形成一个整体［图 5-29（d）］。

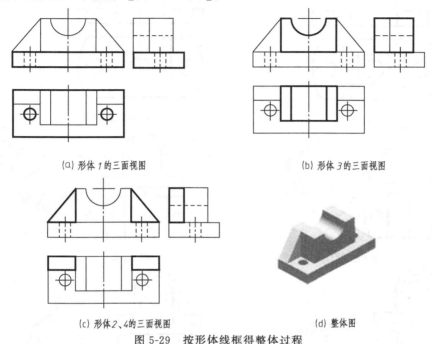

(a) 形体1的三面视图　　　　　　　　　　(b) 形体3的三面视图

(c) 形体2、4的三面视图　　　　　　　　　(d) 整体图

图 5-29　按形体线框得整体过程

【例 5-1】　已知形体的主、俯视图［图 5-30（a）］，补画左视图。

分析：对照主、俯视图，把主视图中的图形划分为四个封闭线框，作为组成形体的四个部分，如图 5-30（b）所示。如图 5-30（c）～（f）所示，经过分析可知，形体由四个形体叠加、切割而成。分别想象出四个形体的形状，再分析它们的相对位置，然后合在一起，就对整个形体有了初步认识。如图 5-30（g）～（j）所示，分别补画出四个形体的左视图。

2. 用线面分析法读图

运用线、面的投影规律，分析视图中图线和线框所代表的意义和相互位置，从而看懂视图的方法，称为线面分析法。这种方法主要用来分析视图中的局部复杂投影。

（1）分析面的形状　看图时要注意物体上投影面平行面的投影具有实形性和积聚性［图 5-31（a）］，投影面垂直线的投影具有实长性和积聚性［图 5-31（b）］、投影面垂直面和一般位置面的投影具有类似性［图 5-31（c）］。

（2）分析面的相对位置　在视图中，每个线框通常表示组合体上的一个表面，相邻两线框（或大线框里有小线框）是物体上不同两个表面。如图 5-32 所示，主视图中线框 a'、b'、c'、d' 对应的四个平面在俯视图中积聚成四条水平线 a、b、c、d，因此，它们都是正平面，在俯视图中还能分析出 B 面和 C 面在最前侧，D 面在最后侧，A 面介于 B、C 面和 D 面之间。主视图中线框 d' 里的小线框 e'，表示物体上两个不同层次的表面，只看主视图，小线框圆表示的面可能凸出，也可能凹进，或者是圆柱孔的积聚投影，对照俯视图上相应的两条虚线，可判断是圆柱孔。

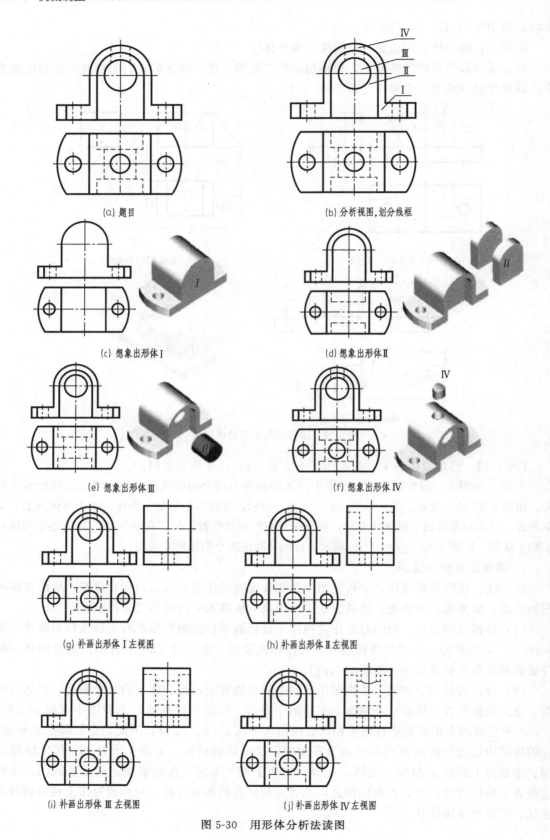

(a) 题目

(b) 分析视图,划分线框

(c) 想象出形体 I

(d) 想象出形体 II

(e) 想象出形体 III

(f) 想象出形体 IV

(g) 补画出形体 I 左视图

(h) 补画出形体 II 左视图

(i) 补画出形体 III 左视图

(j) 补画出形体 IV 左视图

图 5-30　用形体分析法读图

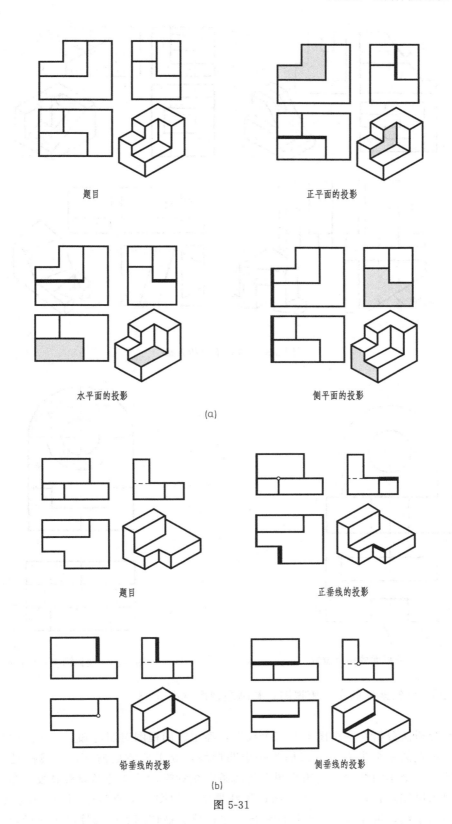

题目

正平面的投影

水平面的投影

侧平面的投影

(a)

题目

正垂线的投影

铅垂线的投影

侧垂线的投影

(b)

图 5-31

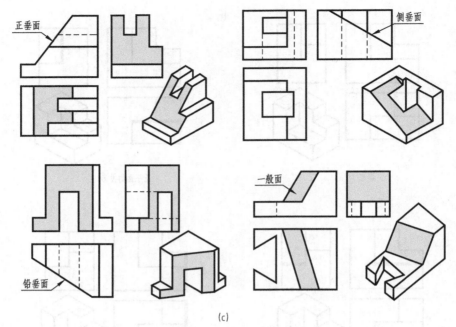

图 5-31　线、面分析方法

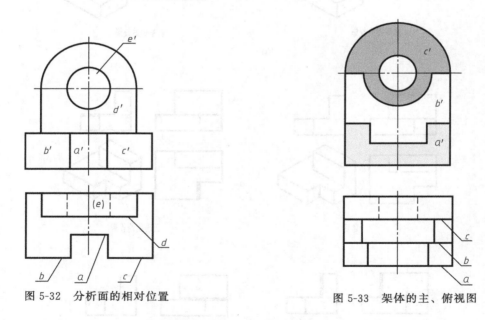

图 5-32　分析面的相对位置

图 5-33　架体的主、俯视图

【例 5-2】 已知架体的主、俯视图，补画左视图（图 5-33）。

分析：

用线面分析法分析在主视图上有三个线框，经主、俯视图对照可知，三个线框分别表示架体上不同位置的三个表面：*A* 线框为一个凹形块，处于架体最前面；*C* 线框是半圆头竖板，其中还有一个小圆线框，与俯视图上的两条虚线对应，可知是半圆头竖板上穿了一个圆孔，由俯视图可知，它处于架体最后面；*B* 线框的主视图上部有半个圆槽，在俯视图上可找到对应的两条线，可知其处于架体的中部，半圆槽为被切割后的圆柱内表面投影。补画左

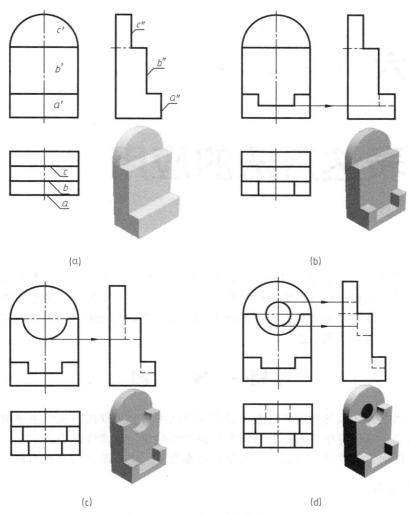

图 5-34　补画架体的左视图

视图时，可同时画出轴测图，记录想象和分析的过程。

作图：

① 先画出左视图的轮廓，并根据主、俯视图分出架体上最上层为半圆柱，中间层和最下层为大小不同的长方体，如图 5-34（a）所示。

② 由最下层长方体切出一个凹形槽，补画出左视图上对应的图线，如图 5-34（b）所示。

③ 在中间层切出一个半圆柱的内表面，补画出左视图上对应的图线，如图 5-34（c）所示。

（3）由最上层和中间层的交界处挖出一个圆柱形孔，补画出左视图上对应的图线，检查后描深线条即可，如图 5-34（d）所示。

项目六

机件表达方法的应用

在工程图样中,机器的用途多种多样,因此机件形状是千差万别的,有些机件的内、外形状都比较复杂,如果只画三视图,可见部分用粗实线、不可见部分用细虚线来表达,中心线用点画线表达,各种线条较多,往往不能表达清楚。为此国家标准规定了视图、剖视图、断面图和简化画法等基本表示法。

主题一 视 图

机件向多面投影体系的各投影面做正投影所得的图形称为视图。视图主要用于表达机件的外部结构形状,对机件中不可见的结构形状在必要时才用细虚线画出。

视图按投影面、完整性、配置关系可分为基本视图、向视图、局部视图和斜视图四种。

一、基本视图

国家标准规定,对于比较复杂的机件可以采用六个投影面表达其形状,这六个投影面称为基本投影面。将机件向基本投影面投射所得的视图称为基本视图。表示一个机件可以有六个基本投影方向,将机件放在由六个基本投影面构成的投影体系中,分别向六个基本投影面投射,得到六个基本视图。空间的六个基本投影面可设想围成一个正六面体,为使其上的六个基本视图位于同一平面内,可将六个基本投影面按图6-1所示的方法展开。

1. 六个视图的位置关系

基本视图有主视图、俯视图、左视图、后视图、仰视图及右视图六个。在同一张图纸内按图6-2所示位置配置视图时,一律不注视图的名称。

2. 六个视图的投影对应关系

如图6-3所示,六个基本视图仍保持前面学过的投影规律,即"长对正、高平齐、宽相等",仰、俯视图反映物体长度、宽度方向尺寸;右、左视图反映物体高度、宽度方向尺寸;后、主视图反映物体长度、高度方向尺寸。主、俯、仰、后四个视图长相等;主、左、右、后四个视图高相等;俯、仰、左、右四个视图宽相等。

3. 六个视图的方位关系

熟练掌握六个视图的方位关系,可以准确、迅速地绘出图形。如图6-2所示,靠近主视

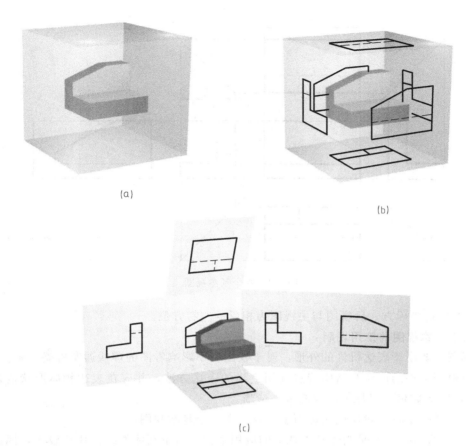

(a)

(b)

(c)

图 6-1　六个基本投影面

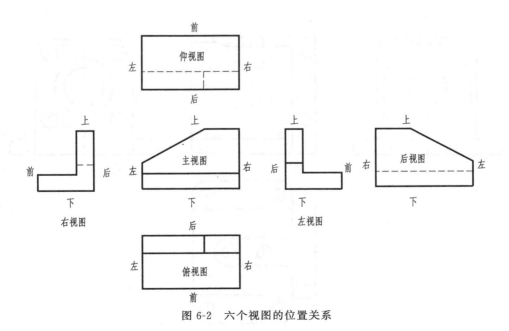

图 6-2　六个视图的位置关系

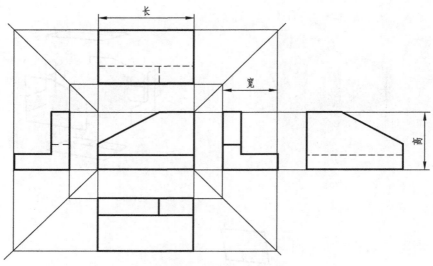

图 6-3　六个基本视图

图的视图方位均为后方，后视图与主视图为相反的左右方位。

4. 六个基本视图的使用说明

① 视图主要用于表达机件的外形，对于视图中不影响看图的虚线通常省略不画。

② 应根据机件的形状和结构特点选用适当的表达方法，并应在表达物体形状清楚的前提下减少视图的数量，以保证图样简单、清晰。

③ 在选择视图时一般要优先选用主、俯、左三个基本视图。

如图 6-4 所示，下面是阀体基本视图的应用举例，由于阀体的结构变化较大，因此用了四个基本视图表达其形状；在视图中省略了俯、左、右三个视图中的虚线，但不影响视图的表达效果。

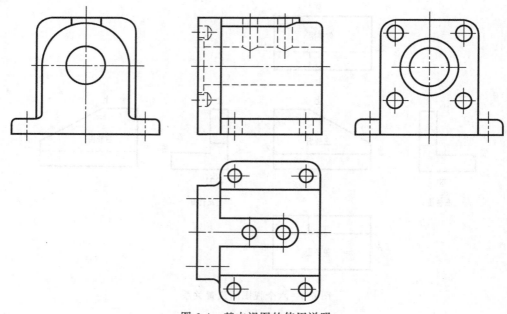

图 6-4　基本视图的使用说明

基本视图的特点是：位置固定，不能随意配置，不需要标注，向基本投影面投影，保持着视图的完整性。

二、向视图

向视图是可以移位配置的基本视图。在选好图样表达方案后，由于图幅和比例已经选定，当某视图由于绘图空间有限，不能按投影关系配置时，可以按向视图绘制，如图 6-5 所示的向视图 *A*、向视图 *B*、向视图 *C*。

向视图必须注明视图名称，在向视图上方中间位置处标注视图名称"×"，"×"为大写拉丁字母，如果一个图样中有多个视图，可按 *A*、*B*、*C*……顺次标注，在对应的视图中箭头指明投射方向，字母"×"注写相同的字母。

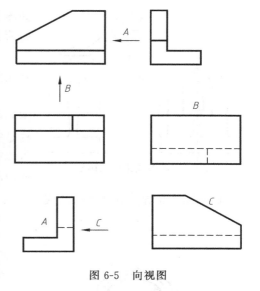

图 6-5　向视图

向视图的特点是：位置不固定，可以随意配置，需要标注，但仍向基本投影面投影，保留着视图的完整性。

三、局部视图

局部视图是将机件的某一部分向基本投影面投射所得的视图。在图 6-6 所示的工件中，用主视图和俯视图表达了主体的形状，但是左、右两边凸起结构如果采用右视图和左视图绘制，占用图样空间较大，更显得烦琐和重复。采用 *A* 和 *B* 两个局部视图来表达这两个凸起结构的形状简单，易于理解，而且重点突出。

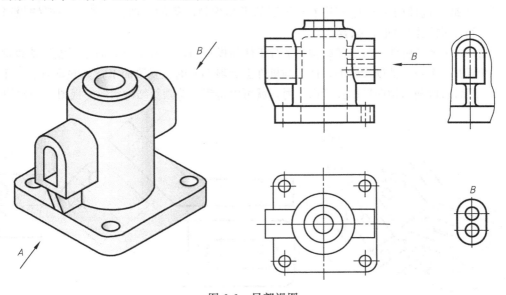

图 6-6　局部视图

局部视图的画法：

① 局部视图如果按基本视图位置配置，中间还没有其他图形隔开时，可以省略标注，

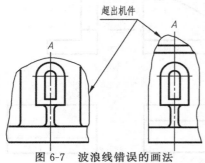

图 6-7 波浪线错误的画法

如图 6-6 所示中的局部视图 A，图中的字母 A 和相应的箭头均不用标注。

② 局部视图也可以随意配置，如图 6-6 所示中局部视图 B。

③ 局部视图在断裂处用波浪线或双折线表示，如图 6-6 所示中的 A 向局部视图。但当所表示的局部结构是完整的，即外轮廓线能够自行封闭，波浪线或双折线可省略不画，如图 6-6 中局部视图 B 是波浪线省略情况。图 6-7 中画法是错误的。

④ 如图 6-8 所示对称机件画成 1/2 或 1/4 的局部视图。

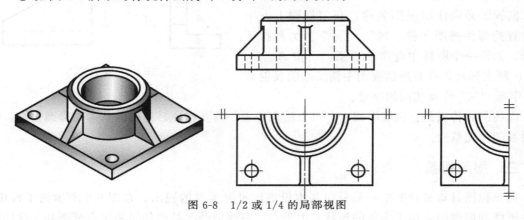

图 6-8 1/2 或 1/4 的局部视图

四、斜视图

斜视图是将机件向不平行于基本投影面的平面投射所得的视图。斜视图一般按投影关系配置，也可按向视图的形式配置。

如图 6-9 所示，机件上某局部结构不平行于任何投影面，在基本投影面上不能反映该部分实形时，可增加一个新的辅助投影面，使其与机件上倾斜部分的主要平面平行，并垂直于一个基本投影面，然后将倾斜结构向辅助投影面投射，就可以得到反映倾斜结构实形的视图——斜视图。

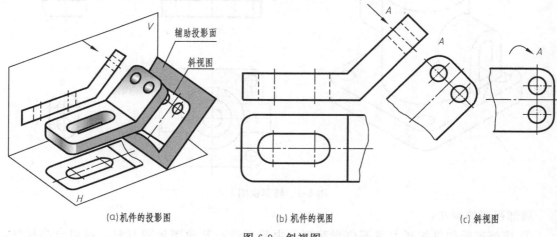

(a) 机件的投影图　　　　　(b) 机件的视图　　　　　(c) 斜视图

图 6-9 斜视图

画斜视图时的注意事项：

① 斜视图用于表达机件上的倾斜部分。只画出倾斜部分的局部结构即可，同局部视图相同的是断裂处用波浪线或双折线断开即可。

② 斜视图的配置和标注遵照向视图相应的规定，不同的是斜视图为了看图方便允许旋转配置，此时应按向视图标注，且加注旋转符号，斜视图标注的对应大写字母放在箭头一侧。

五、综合实例

在实际画图时，并不是每个机件的表达方案都包括基本视图、向视图、局部视图、斜视图四种形式，应该根据需要选用。下面以压紧杆为例，学习选择表达方案。

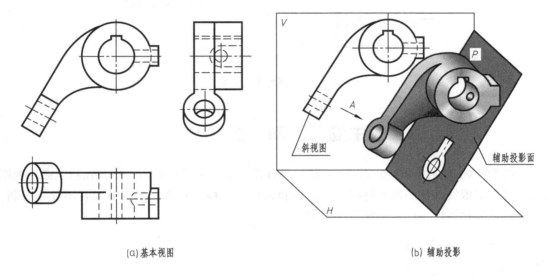

(a) 基本视图　　　　　　　　　　　　　(b) 辅助投影

图 6-10　压紧杆三视图

如图 6-10 所示压紧杆三视图，压紧杆左端耳板是倾斜的，这部分的圆弧向水平面和侧面的投影变为椭圆形，所以俯视图和左视图均不能反映实际形状，这样画图困难，用基本视图是表达不清楚的。为了表达机件的倾斜结构，在平行于耳板的正垂面上作它的斜视图，来反映其真实形状。画出耳板实形后，像局部视图一样用波浪线断开，耳板的其他部分已经在主视图表达清楚，只表达压紧杆倾斜结构的局部形状，其余部分轮廓线不必画出。

根据上面分析，可有两种表达方案。如图 6-11（a）所示方案一，采用一个基本视图，一个斜视图，再加上两个局部视图。如图 6-11（b）所示方案二，采用一个基本视图、一个配置在俯视图位置上的局部视图，一个旋转配置的斜视图，以及画在右端凸台附近的按第三角画法配置的局部视图（用细点画线连接，不必标注）。

两种方案的共同点是：都能把压紧杆的形状结构表达清楚。但第二种方案作图简单，看图方便，而且视图布局更加紧凑，所以选择第二种方案。

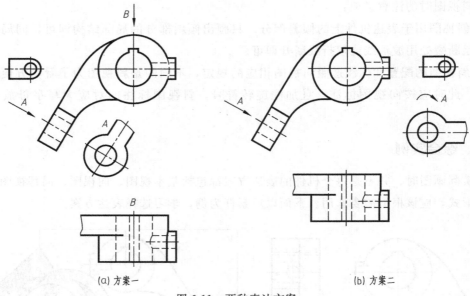

(a) 方案一   (b) 方案二

图 6-11　两种表达方案

主题二　剖　视　图

　　前面学习的几种视图主要用来表达机件的外部形状，如果机件内部结构比较复杂，视图上会出现较多虚线而使图形不清晰，给看图和标注尺寸增加难度，带来麻烦，不便于分析。为了更好地表达机件的内部结构，常采用剖视图。

一、剖视图的概念

1. 剖视图的形成

　　假想用一剖切面（平面或曲面）剖开机件，移去观察者和剖切面之间的部分，将其余部分向投影面投射，所得的图形称为剖视图（简称剖视）。形成过程如图 6-12 所示，主视图为剖视图。

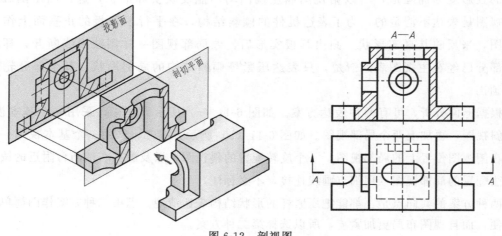

图 6-12　剖视图

2. 剖面区域

如图 6-13 在剖视图中，剖切面与机件接触的部分称为剖面区域，也就是剖切面能剖到机件实体的部分，在剖面区域内要画出剖面符号。

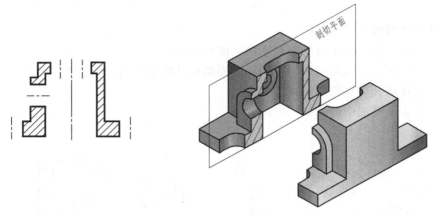

图 6-13　剖面区域

3. 剖面符号

为使具有材料实体的切断面（剖面区域）与其余部分很明显地区分开，应在剖面区域画出剖面符号，国家标准规定了各种材料类别的剖面符号，见表 6-1。

表 6-1　剖面符号

材料名称	剖面符号	材料名称	剖面符号
金属材料		玻璃及观察用的 其他透明材料	
非金属材料		混凝土	
型砂、填砂、 粉末冶金等		砖	

在机械图样中，金属材料使用最多，为此国家标准规定用最简单的相互平行的细实线作为金属材料的剖面符号即剖面线。画剖面线时，无论是在零件图还是在装配图中，同一零件的剖面线必须方向相同且间距相等。剖面线的间距按剖面区域的大小确定。剖面线的方向一般与其相邻的主要轮廓线或剖面区域的对称中心线成 45°，如图 6-14 所示。

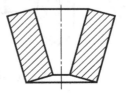

图 6-14　剖面线的方向

4. 剖视图的画法

① 确定剖切平面的位置。

② 确定投影方向。

③ 将剩余部分向投影面投射。

④ 绘制剖面线。

⑤ 标注。

5. 绘制剖视图时的注意事项

① 通常选用与投影面平行的剖切平面（图 6-15）。

② 其他视图不受剖视图的影响，仍应按完整机件画出视图。

③ 剖开机件后凡可见轮廓线都应画出。

④ 一般省去剖视图中的虚线。

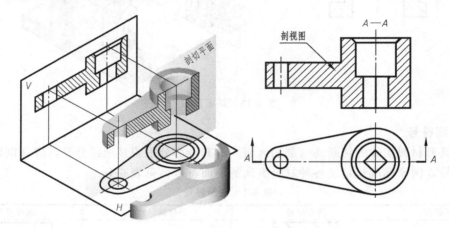

图 6-15 绘制剖视图

a. 剖切面后面的可见结构一般应全部画出，如图 6-16 所示。

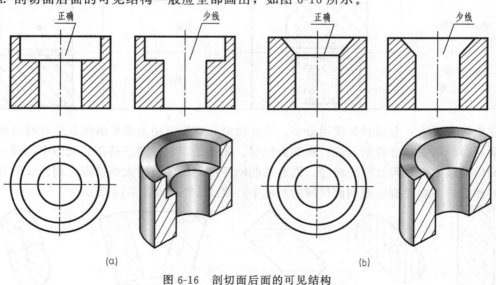

图 6-16 剖切面后面的可见结构

b. 剖视图中不可见轮廓线一般不画出（图 6-17）。

6. 剖视图的标注

剖切位置：用粗实线的短线段表示剖切面起始、转折和终止位置。

投射方向：把箭头画在剖切位置线（粗短线）外侧指明投射方向。

对应关系：将大写拉丁字母注写在剖切面起始、转折和终止位置旁边，并在对应的剖视图正上方标注相同的大写字母。

三种标注方法：

① 全部标注　剖切位置、投射方向、对应关系全部标出，即粗短线、箭头、大写字母缺一不可，这是剖视图标注的基本规定，如图 6-16 所示的 $A—A$。

② 不标注　同时满足以下三个条件，三要素可不必标注，如图 6-13 所示，单一剖切平面通过机件的对称平面或基本对称平面剖切；剖视图按投影关系配置；剖视图与相应视图间没有其他图形隔开。

③ 省略标注　仅满足不标条件中的后两个条件，则可省略表示投射方向的箭头，如图 6-18 所示中 $B—B$。

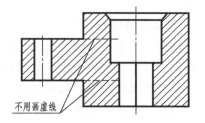

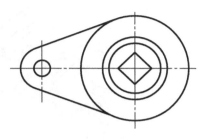

图 6-17　剖视图中不可见轮廓线

7. 剖视图的配置

优先考虑配置在基本视图的方位，如图 6-18 所示中的剖视图 $B—B$。

当很难按基本视图的方位配置时，也可按投影关系配置在相应位置上，如图 6-18 所示的剖视图 $A—A$。最后才考虑配置在其他适当位置。

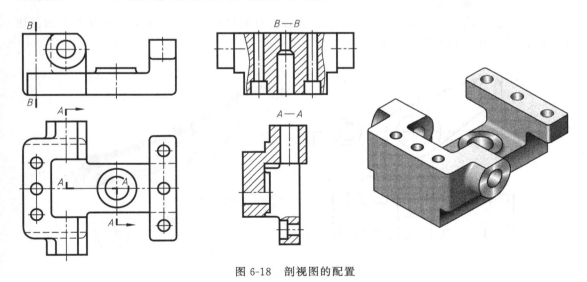

图 6-18　剖视图的配置

二、剖切面的种类

由于生产实际中机件的形状、结构千差万别，需要选用不同数量和位置的剖切面来剖开机件，才能把机件的内部形状表达清楚。国家标准规定了各种不同形式的剖切面，根据机件的结构特点，可以选择以下剖切面：单一剖切面、几个平行的剖切面、几个相交的剖切面（交线垂直于某一投影面）、复合的剖切平面和圆柱剖切面。

在学习时应注意掌握这些剖切面的概念和作图方法，并能灵活地运用这些方法解决实际问题。

1. 单一剖切面

即用一个剖切面剖开机件。前面介绍的剖视图所用剖切面均为与投影面成平行的情况，实际上也可采用垂直投影面的剖切平面。

此类剖视图用于表达机件倾斜结构的内部形状，为方便作图可将剖视图摆正放置，但应按例图作出标注，如图 6-19 所示。

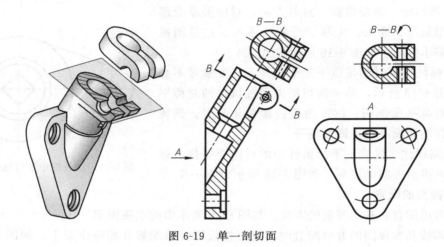

图 6-19　单一剖切面

2. 几个相交的剖切平面

当需要表达的内部结构不在同一平面上，且具有明显的回转中心时，可采用相交的剖切平面将机件剖开，如图 6-20 所示。

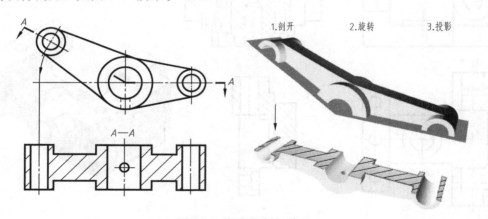

图 6-20　相交的剖切平面

采用此类剖切面画剖视图时要注意以下三点。

① 相邻两个剖切平面的交线必须垂直于某一个基本投影面。

② 用几个相交的剖切面剖开机件绘图时，应先剖切后旋转，使剖开的结构及其有关部分旋转到某一选定的基本投影面平行后再投射。此时旋转部分的某些结构与原图形不再保持投影关系，这样做的好处是，剖视图也反映机件实形，便于画图和读图。

③ 采用相交剖切面剖切后，必须对剖视图加以标注。剖切符号的起止和转折处用相同的大写字母和粗短线标出，当转折处空间狭小又不至于引起误解时，转折处可以省略字母，

但代表转折位置的粗短线必须标出。

3. 几个平行的剖切平面

当机件上需要表达的内部结构排列在不同层面上时，可采用平行的剖切平面剖切。

如图 6-21 所示，此机件是对称结构，如果用单一剖切面在机件的对称平面处剖开，则只能剖开槽，边上的孔剖不到。若采用两个平行的剖切面将机件剖开，可同时将机件的内部结构表达清楚。

作此类剖视图应注意以下几点。

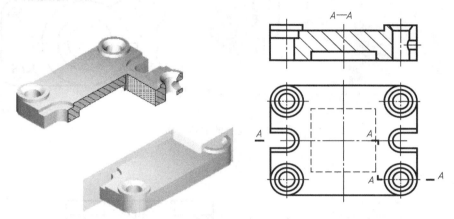

图 6-21　平行的剖切平面剖切

① 因为剖切面是假想的，所以不应在剖视图中画出剖切平面的转折线（图 6-22）。

② 剖切的结构应完整，当两个要素在图形上具有公共中心线或轴线时，可各画一半；允许剖切平面在中心线或轴线处转折（图 6-23）。

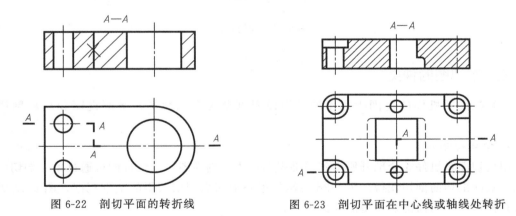

图 6-22　剖切平面的转折线　　　　图 6-23　剖切平面在中心线或轴线处转折

③ 在相应视图上用剖切符号表示剖切位置，在起始、转折和终止处用相同的大写字母标出。

4. 复合的剖切平面

若采用旋转剖或阶梯剖尚不能将机件的内部结构表达清楚时，可将两种剖切方法相结合剖切机件，如图 6-24 所示。

5. 剖切柱面

剖切面一般为平面，如果需要也可采用圆柱剖切面，标注时应加注"展开"二字，如图 6-25 所示。

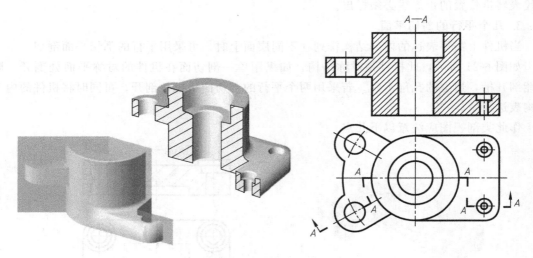

图 6-24　复合的剖切平面

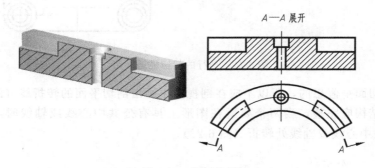

图 6-25　剖切柱面

三、剖视图的种类

一般按剖开机件的范围大小不同,剖视图可分为全剖视图、半剖视图和局部剖视图三种。

1. 全剖视图

用剖切面将机件完全剖开所得到的剖视图称为全剖视图。全剖视图可通过单一剖切面或其他形式的剖切面剖切获得。图 6-26 所示是单一剖切面剖切获得的全剖视图,图 6-27 所示是由其他形式剖切面剖切获得的全剖视图。

全剖视图的特点:能清楚地反映机件的内部结构,但同时将机件的外形剖掉。

全剖视图的适用情况:机件的外形简单或复杂的外形另有视图表达清楚。

2. 半剖视图

若机件具有对称平面,在向垂直于对称平面的投影面投射时,可以对称中心线为界,一半画成剖视图,另一半画成视图。如图 6-28 所示,机件左右对称,前后也对称,所以主视图和俯视图均采用半剖视图。

半剖视图的特点:在一个图形中同时表达出机件的外形和内部结构。

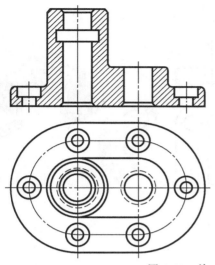

图 6-26 单一剖切面剖切获得的全剖视图

半剖视图画法:

① 机件对称或基本对称方可采用半剖视图。

② 视图与剖视图应以点画线为界。

③ 一般省去视图中表示内部结构的虚线。

④ 半剖视图中的尺寸标注方法,如图 6-28 所示。

3. 局部剖视图

用剖切平面局部地剖开机件所得的剖视图称为局部剖视图,如图 6-29 所示。

局部剖视图的适用情况:

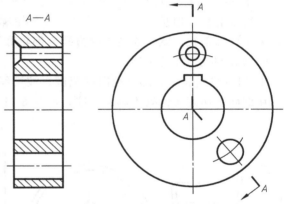

图 6-27 其他形式剖切面剖切获得的全剖视图

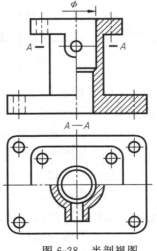

图 6-28 半剖视图

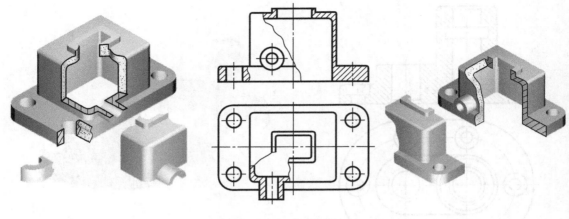

图 6-29　局部剖视图

① 需要表达的内部结构范围较小。

② 需要保留外形而不宜采用全剖视图。

③ 因机件对称位置有一轮廓线而不适合采用半剖视图。如图 6-30 所示，虽然机件上下、前后都对称，但是由于主视图中的方孔轮廓线与对称中心线重合，所以不宜采用半剖视，采用局部剖视，既可表达中间方孔内部轮廓线，又保留了机件的部分外形。

画局部剖视图注意事项：

① 用波浪线表示局部剖视图的范围，波浪线应画在机件的实体上，不能超出实体轮廓线，在剖面未切到实体处不画波浪线，如图 6-31 所示。

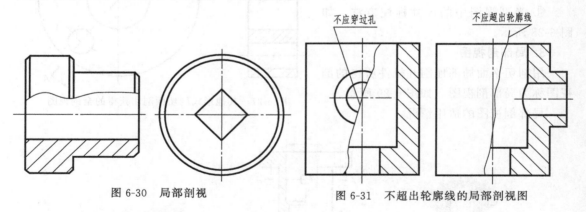

图 6-30　局部剖视　　　　　　　　　图 6-31　不超出轮廓线的局部剖视图

局部剖视图也可用双折线分界，如图 6-32 所示。

② 在同一个视图中，局部剖视图的数量不宜过多，在不影响外形表达的情况下，可把局部剖视加大剖切范围，从而减少局部剖视的数量，如图 6-29 所示，机件图样中的主、俯视图分别用两个较小的局部剖视图表达底座孔和前侧的凸圆内部结构，用一个较大的局部剖视图表达顶部的凸台和机件的内腔部分结构。

当被剖切的结构为回转体时，允许将该结构的中心线代替波浪线。

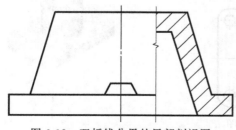

图 6-32　双折线分界的局部剖视图

③ 通常省略局部剖视图的标注。

④ 当用波浪线时，不能用轮廓线代替，也不应画在轮廓线的延长线上，不能与图形中的其他图线重合。

四、剖视图的规定画法和简化画法

1. 规定画法

对于机件上的轮辐、肋板及薄壁结构等，若按纵向剖切则这些结构都不画剖面符号，而用粗实线将其与相邻部分分开。但当剖切平面横向切断这些结构时，仍应画出剖面符号。

① 肋板的规定画法如图 6-33 所示。

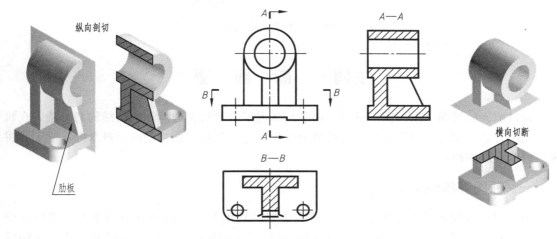

图 6-33 肋板的规定画法

② 轮辐的规定画法如图 6-34 所示。

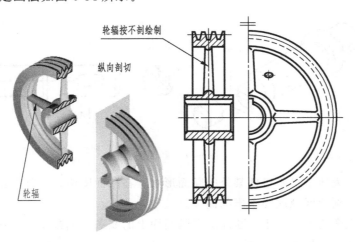

图 6-34 轮辐的规定画法

2. 简化画法

当回转体上均匀分布的肋、孔及轮辐等结构不处于剖切位置时，可将这些结构旋转到剖切平面后画出其剖视图，如图 6-35 所示。

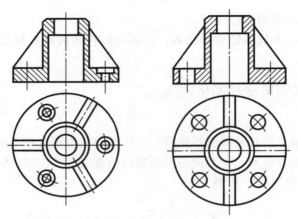

图 6-35　旋转到剖切平面后画出的剖视图

主题三　断　面　图

通过前面的视图、剖视图的学习，同学们掌握了表达机件外形和内部结构的方法，在机械工程中，还常常需要表达零件某处的断面形状，这一节将在介绍断面图概念的基础上，讲解两种断面图的画法。

一、断面图的概念

用剖切平面假想将机件某处切断，只画出该剖切面与机件接触部分的图形，即断面图（简称断面）。如图 6-36 所示轴，为了表示键槽的宽度和深度，假想在键槽处用垂直于轴线的剖切平面将轴断开，只画出断面形状，并在断面上画出剖面线。

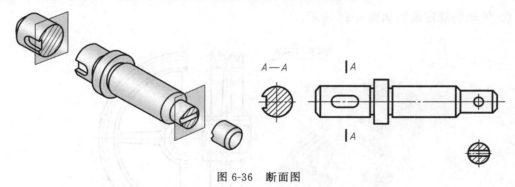

图 6-36　断面图

断面图常用于表达型材及机件某处的断面形状。在断面图中，机件和剖切面接触的部分称为剖面区域，在剖面区域内要画出剖面线。

断面图与剖视图的区别在于：断面图只画断面上的线条，剖视图把剖切面和投影面之间的可见线条均要画出，如图 6-37 所示。

按断面图的摆放位置不同，断面图分为移出断面图和重合断面图两种。

二、移出断面图

画在视图之外的断面图称为移出断面图。

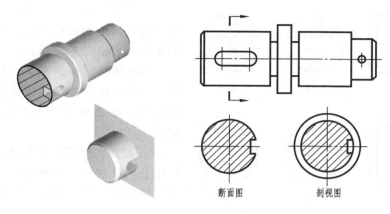

图 6-37 断面图与剖视图

移出断面图的轮廓线用粗实线画出，一般将断面图的图形配置在剖切线（表示剖切面位置的细点画线）延长线上或剖切符号粗短线的延长线上，如图 6-38 所示。

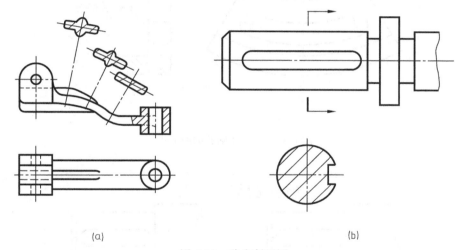

(a) (b)

图 6-38 移出断面图

当断面图的图形对称时，可将断面图画在原有图形的中断处，如图 6-39 所示。

为表示截断面的真实形状，剖切平面一般应垂直于机件的轮廓线。当几个相交的剖切平面剖切机件时，其断面图中间应断开，断开处有波浪线分界，如图 6-40 所示。

断面图是仅画出被切断截面的形状，但当剖切平面通过回转面形成的孔或凹坑的轴线

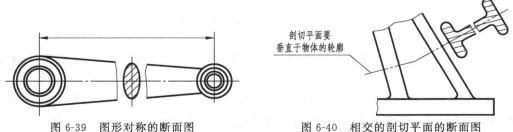

图 6-39 图形对称的断面图 图 6-40 相交的剖切平面的断面图

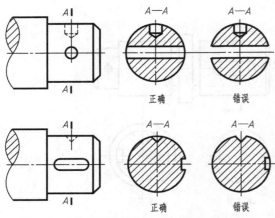

图 6-41 通过回转面形成的孔或凹坑的断面图

（图 6-41）时，这种结构应按剖视画出。

当剖切平面通过非圆孔会导致出现完全分离的两个剖面区域时，这些结构应按剖视画出，如图 6-42 所示。

移出断面图和剖视图一样需要进行标注，剖视图标注的三要素同样适用于移出断面图，移出断面图的配置及标注方法如下。

① 断面图配置在剖切线或剖切符号延长线上。对称的移出断面，不必标注字母和剖切符号 ［图 6-43（a）］；不对称的移出断面，不必标注字母 ［图 6-43（b）］。

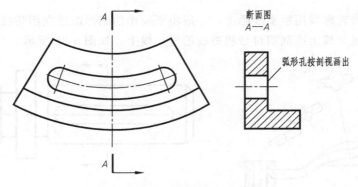

图 6-42 通过非圆孔的断面图

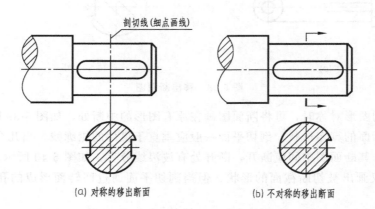

图 6-43 剖切线或剖切符号延长线上的断面图

② 当断面图按投影关系配置，不管是否对称的移出断面都不必标注箭头 ［图 6-44（a）、（b）］。

③ 断面图配置在其他位置，当对称的移出断面时，不必标注箭头，如图 6-45 所示；不对称的移出断面时，必须标注剖切符号，包括箭头和大写字母。

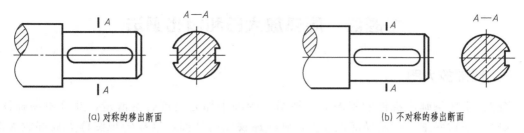

(a) 对称的移出断面   (b) 不对称的移出断面

图 6-44 按投影关系配置的断面图

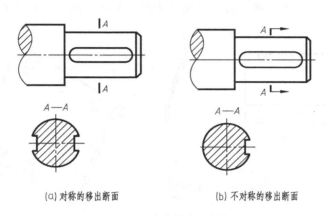

(a) 对称的移出断面   (b) 不对称的移出断面

图 6-45 配置在其他位置的断面图

三、重合断面图

剖切后将断面图形重叠画在视图之内的断面图称为重合断面图，重合断面图多用于表达机件上形状较为简单的断面。

重合断面图画法：如图 6-46 所示，重合断面的轮廓线用细实线绘制。如图 6-47 所示，当视图中的轮廓线与重合断面的图形重叠时，视图中的轮廓线仍应连续画出，不可间断。

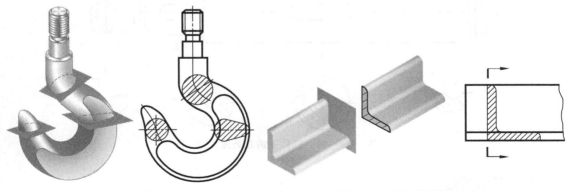

图 6-46 重合断面图（一）   图 6-47 重合断面图（二）

重合断面图的标注不同于移出断面，对称的重合断面图不必标注，如图 6-46 所示；如图 6-47 所示，不对称的重合断面图，在不致引起误解时可省略标注。

主题四　局部放大图和简化画法

一、局部放大图

当按一定比例画出机件的视图时，视图上的细小部分很难表达清楚，并且不易标注尺寸，这时可把这些细小结构局部地放大，画在原视图的外面，这样的视图称为局部放大图。如图 6-48 所示弯板结构，其顶端部分用大于原图形比例画出的图形就是局部放大图，这样的表达方式能使细小结构更清晰，此图采用几个视图来表达同一个被放大的部位。

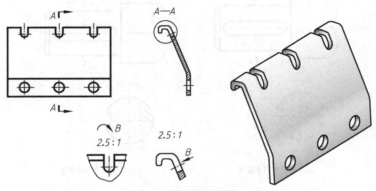

图 6-48　局部放大图

局部放大图应靠近视图中被放大部位配置，绘制局部放大图时，除螺纹牙型、链轮和齿轮外，应用细实线小圆圈画出被放大部位，如图 6-49 所示。当同一机件上有几处被放大细小结构时，应用罗马数字依次编号，并在局部放大图上方标出相应的罗马数字和与原视图相比所采用的放大比例。

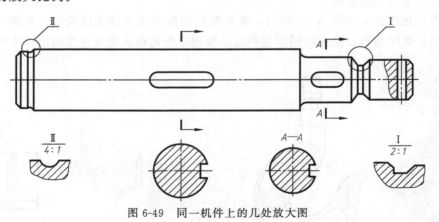

图 6-49　同一机件上的几处放大图

二、简化画法

① 当不能充分表达回转体零件上的平面时，可用平面符号（相交的两条细实线）表示，如图 6-50 所示。

② 对称机件的视图为了节省绘图空间可只画 1/2 或 1/4，这时要在对称中心线的两端画

两条与对应中心线垂直的平行细实线,平行细实线要成对出现,如图 6-51 所示,这种简化画法是局部视图的一种特殊画法。

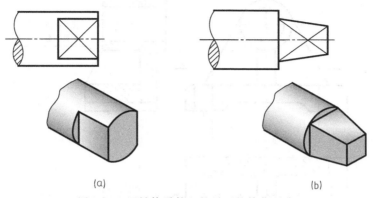

(a)   (b)

图 6-50 回转体零件上的平面的简化画法

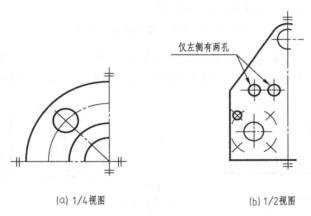

(a) 1/4视图   (b) 1/2视图

图 6-51 对称机件的视图的简化画法

③ 对于机件上的一些细小结构,如果在一个图形中已表示清楚,则在其他图形中可以简化或省略,如图 6-52 所示。

④ 对于肋板、轮辐,若剖切面沿其纵向剖切,即厚度方向剖切时,剖面内不画剖面符号,

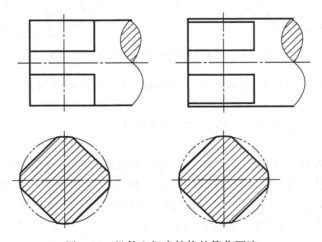

图 6-52 机件上细小结构的简化画法

而用粗实线将其与邻近部分分开，不沿纵向剖切，则要在剖面内画剖面符号，如图 6-53 所示。

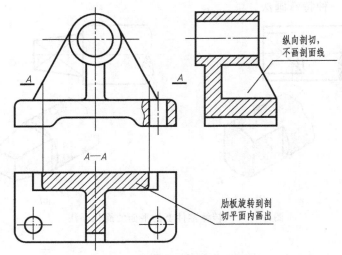

图 6-53　肋板、轮辐的简化画法

⑤ 回转体均布的肋、轮辐、不论奇数或偶数，剖视图都应画成对称形式；对于均布的孔，不论其是否处于剖切平面内，都将其旋转到剖切平面内画出，如图 6-54 所示。

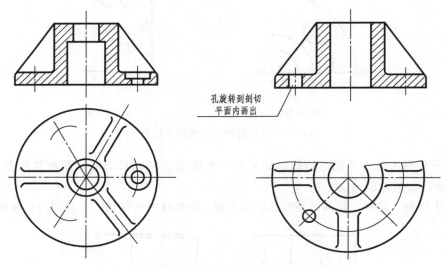

图 6-54　回转体均布的肋、轮辐的简化画法

⑥ 机件中与投影面倾斜角度不大于 30°的圆或圆弧的投影可用圆或圆弧画出，如图 6-55 所示。

⑦ 圆柱形法兰和类似零件上的沿圆周均匀分布的孔，可用如图 6-56 所示的简化方法绘制。

⑧ 相贯线、过渡线在不会引起误解时，可用圆弧或直线代替，如图 6-57 所示。

⑨ 当机件具有若干相同结构（齿、槽等）并按一定规律分布时，只需画出几个完整的结构，其余用细实线连接，在零件图中，则需注明结构的总数，如图 6-58 所示。

⑩ 当机件具有若干相同的孔（圆孔、螺孔、沉孔等）并按一定规律分布时，仅需画出一个或几个，其余用细点画线画出孔的位置，并在零件图中注明孔的总数即可，如图 6-59 所示。

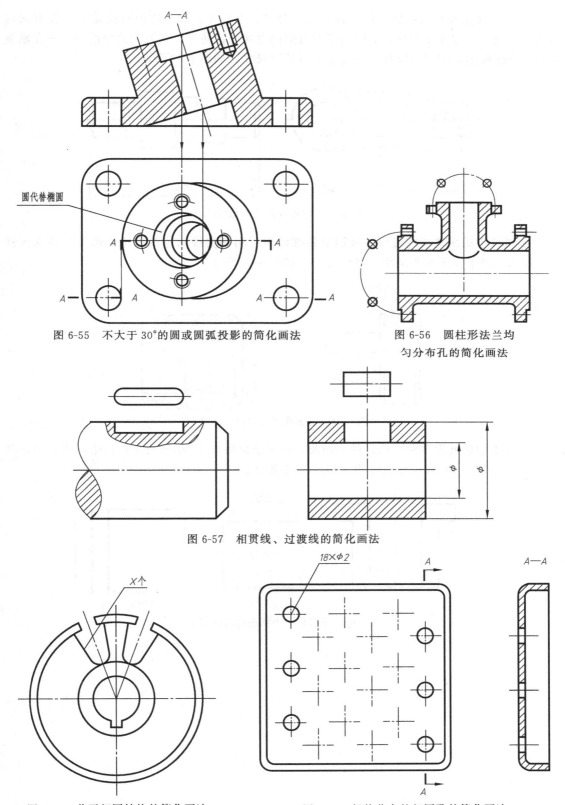

图 6-55　不大于 30°的圆或圆弧投影的简化画法

图 6-56　圆柱形法兰均匀分布孔的简化画法

图 6-57　相贯线、过渡线的简化画法

图 6-58　若干相同结构的简化画法

图 6-59　规律分布的相同孔的简化画法

⑪ 当工件是较长的杆件，例如轴、杆、型材、连杆等，这些件的特点是沿长度方向的形状一致或按一定规律变化，此时为了节省绘图空间允许将工件断开后缩短绘制，并在断裂处以波浪线画出，缩短后图样上仍标注实际长度尺寸，如图 6-60 所示。

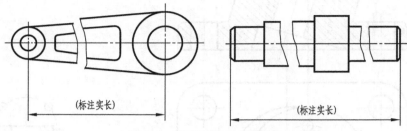

图 6-60 较长杆件的简化画法

⑫ 机件上的滚花或网纹可在视图的轮廓线附近用细实线示意画出一小部分，并在图样上或技术要求中指明这些结构的具体要求，如图 6-61 所示。

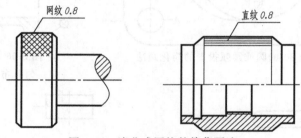

图 6-61 滚花或网纹的简化画法

⑬ 在不致引起误解时，机件的小圆角、锐边小倒角或 45°小倒角允许省略不画，但必须注明尺寸或在技术要求中加以说明，如图 6-62 所示。

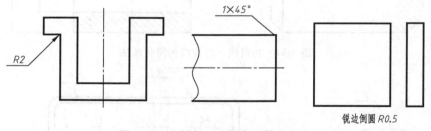

图 6-62 小圆角、小倒角的简化画法

机械图样的特殊表示法

生产实际中，国家对于需用量大且使用广泛的零件制订了专门的标准，此类零件统称为标准件。常见的标准件有：螺钉、螺栓、螺母、垫圈、键等，如图7-1所示。

像齿轮、滚动轴承、弹簧等在机械设备中使用较多的零部件称为常用件。常用件的一些结构也是标准化的，如图7-2所示。

图 7-1　常见的标准件

图 7-2　标准化的常用件

本项目主要介绍标准件和常用件的基本知识、规定画法以及代号等的标注方法，这些内容与生产实际有着紧密联系。

主题一　螺　　纹

一、螺纹的形成

螺纹是指在圆柱或圆锥表面上，沿螺旋线所形成的具有规定牙型的连续凸起，一般称其为"牙"。

如图 7-3 所示，当一个与轴线共面的平面图形（三角形、梯形等），绕圆柱面作螺旋运动，则得到一圆柱螺旋体形成了螺纹。在圆柱或圆锥外表面上形成的螺纹是外螺纹，在圆柱或圆锥内孔表面上形成的螺纹是内螺纹，如图 7-4 所示，使用时将内、外螺纹旋合在一起。

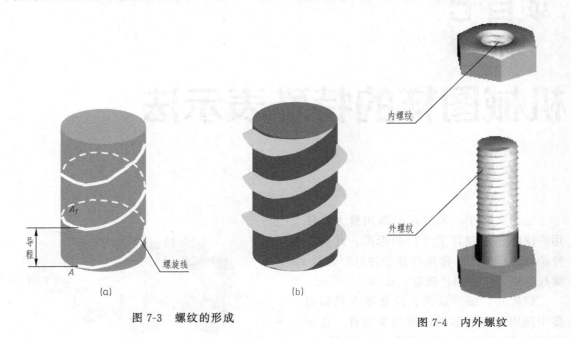

图 7-3　螺纹的形成

图 7-4　内外螺纹

螺纹的加工方法：加工螺纹的方法比较多，常见的是用车床加工，或用丝锥、板牙加工螺纹，如图 7-5 所示。

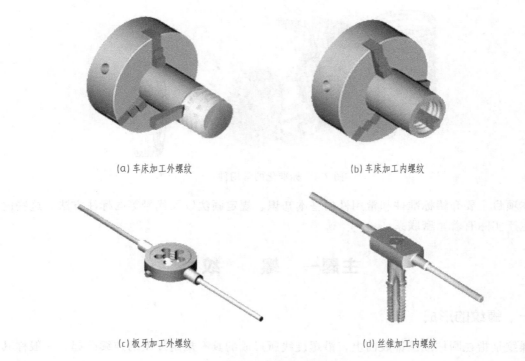

(a) 车床加工外螺纹　　　　　　　　　(b) 车床加工内螺纹

(c) 板牙加工外螺纹　　　　　　　　　(d) 丝锥加工内螺纹

图 7-5　螺纹加工方法

二、螺纹的结构

1. 螺纹末端

如图 7-6 所示，螺纹末端有倒角、平顶和圆顶三种结构形式。

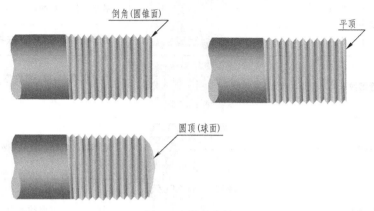

图 7-6　螺纹末端

2. 螺尾和退刀槽

如图 7-7 所示，螺纹尾部有以下两种形式。

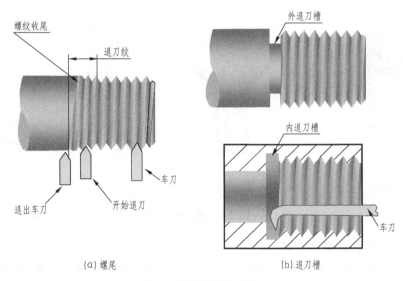

(a) 螺尾　　　　　　　　　　　　　(b) 退刀槽

图 7-7　螺尾和退刀槽

三、螺纹的结构要素

内外螺纹都是成对使用的，只有当内外螺纹的牙型、公称直径、线数、螺距和导程及旋向五个要素完全一致时，才能够正常地旋合。

1. 螺纹牙型

螺纹牙型是指在通过螺纹轴线剖开的断面图上的螺纹轮廓形状。常见的螺纹牙型有三角形、梯形、矩形和锯齿形。其中三角形牙型的螺纹用得最普遍，矩形牙型的螺纹还没标准化,其他牙型的螺纹都已经标准化。

常用的几种螺纹特征代号及用途见表7-1。

表7-1 常用的几种螺纹的特征代号及用途

螺纹种类		特征代号	外形图	用途
连接螺纹	普通螺纹 粗牙	M		最常用的连接螺纹
	普通螺纹 细牙			用于细小的精密或薄壁零件
	管螺纹	G		用于水管、油管、气管等薄壁管子上,用于管路的连接
传动螺纹	梯形螺纹	Tr		用于各种机床的丝杠,做传动用
	锯齿形螺纹	B		只能传递单方向的动力

各种螺纹的用途示例如图7-8所示。

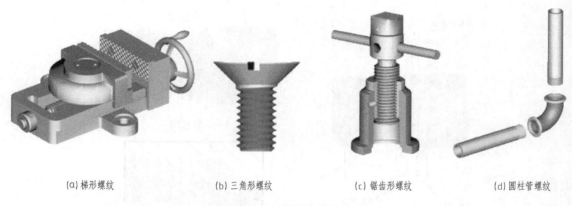

(a) 梯形螺纹   (b) 三角形螺纹   (c) 锯齿形螺纹   (d) 圆柱管螺纹

图7-8 螺纹的用途

2. 螺纹的大径、小径和中径

大径:如图7-9所示,牙顶是螺纹凸起部分的顶端,牙底是螺纹沟槽的底部。与外螺纹的牙顶或者内螺纹的牙底相切的假想圆柱或圆锥面的直径称为大径,内螺纹的大径用 D 表示,外螺纹的大径用 d 表示,它们都是螺纹的公称直径。

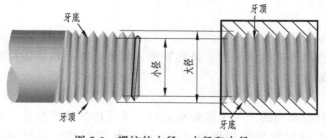

图7-9 螺纹的大径、小径和中径

小径:如图7-9所示,与外螺纹牙底或内螺纹牙顶相切的假想圆柱或圆锥面的直径称为小径,内螺纹的小径用 D_1 表示,外螺纹的小径用 d_1 表示。

中径：如图 7-10 所示，螺纹的中径是一个假想圆柱或圆锥的直径，该圆柱或圆锥的母线通过牙型上沟槽和凸起宽度相等的位置，内螺纹的中径用 D_2 表示，外螺纹的中径用 d_2 表示。

3. 螺纹的线数

螺纹的线数是指形成螺纹时的螺旋线的条数，用 n 来表示。螺纹有单线和多线之分。单线螺纹是指沿一条螺旋线形成的螺纹；多线螺纹是指沿两条或两条以上螺旋线所形成的螺纹。如图 7-11 所示，分别为单线和双线螺纹。

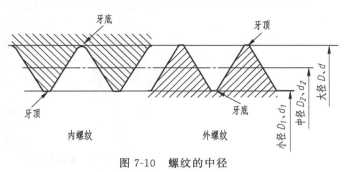

图 7-10　螺纹的中径

4. 螺距和导程

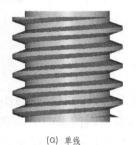

(a) 单线

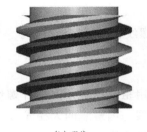

(b) 双线

图 7-11　螺纹的线数

在螺纹上相邻两个牙型在中径线上对应两点之间的轴向距离 P 称为螺距。同一条螺旋线上相邻两个牙型在中径线上对应两点之间的轴向距离 P_h 称为导程。如图 7-12 所示，在单线螺纹上，导程等于螺距；在多线螺纹上（线数为 n），导程等于螺距的 n 倍，多线螺纹常用在机件需要经常或快速打开的位置。

5. 螺纹的旋向

螺纹按旋进的方向不同，可分为右旋螺纹和左旋螺纹（图 7-13）。按顺时针方向旋进的螺纹称为右旋螺纹，螺旋线左低右高。按逆时针方向旋进的螺纹称为左旋螺纹，螺旋线右低左高，在机件上经常用的是右旋螺纹。

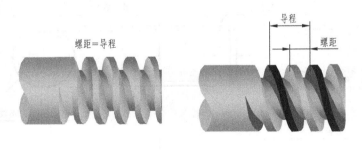

(a) 单线螺纹: $P_h = P$　　　　　(b) 多线螺纹: $P_h = nP$

图 7-12　螺距和导程

四、螺纹的种类

螺纹按用途可分为四类。

（1）紧固（连接）螺纹　它是用于连接可拆零件的螺纹，如普通螺纹、小螺纹等。

（2）管螺纹　常用的管螺纹有 55°非密封管螺纹、55°密封管螺纹、60°密封管螺纹等，

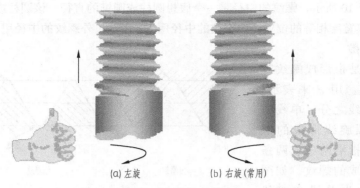

(a) 左旋　　　　(b) 右旋(常用)

图 7-13　螺纹的旋向

常用于管件的连接。

（3）传动螺纹　它是用来传递动力和转矩的螺纹，例如锯齿形螺纹、梯形螺纹、矩形螺纹等。

（4）专门用途螺纹　如自攻螺钉用螺纹、木螺钉螺纹等。

五、螺纹的规定画法

无论是内螺纹还是外螺纹，牙顶都用粗实线表示（即外螺纹的大径线，内螺纹的小径线），牙底用细实线表示（外螺纹的小径线，内螺纹的大径线）。在投影为圆的视图上，表示螺纹牙底的细实线圆只画大约 3/4 圈，螺纹终止线用粗实线表示。不论是内螺纹还是外螺纹，其剖视图或断面图上的剖面线都必须画到粗实线处。当需要表示螺纹收尾时，螺尾部分的牙底线与轴线成 30°。

1. 外螺纹画法

图 7-14 是外螺纹的画法。

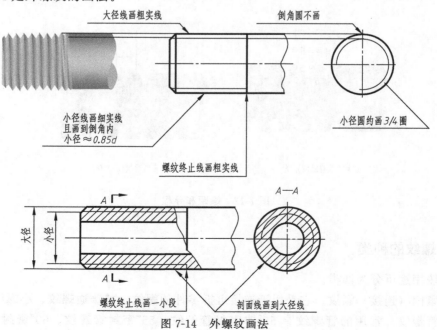

图 7-14　外螺纹画法

2. 内螺纹画法

图 7-15 是内螺纹画法。

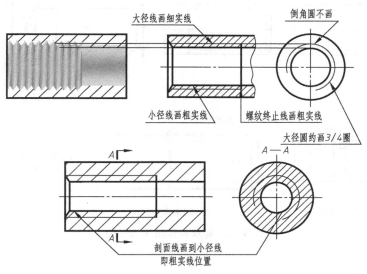

图 7-15 内螺纹画法

3. 不穿通螺纹孔的画法

图 7-16 是不穿通螺纹孔的画法。

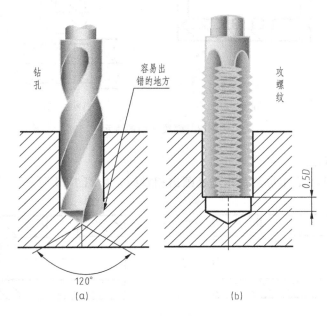

图 7-16 不穿通螺纹孔的画法

4. 螺纹局部结构的画法

图 7-17 是倒角、螺尾和退刀槽等螺纹局部结构的画法。

5. 螺纹牙型的表示

图 7-18 是矩形螺纹牙型的表示方法。

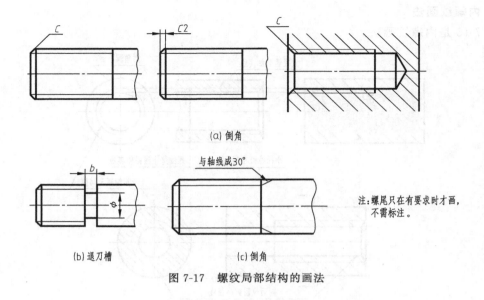

(a) 倒角

(b) 退刀槽   (c) 倒角

与轴线成30°

注:螺尾只在有要求时才画,
不需标注。

图 7-17 螺纹局部结构的画法

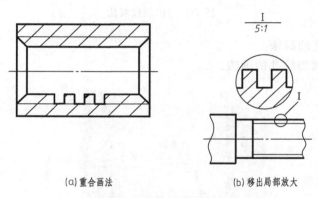

(a) 重合画法   (b) 移出局部放大

图 7-18 螺纹牙型的表示

6. 螺纹相贯的画法

螺纹相贯时,只在钻孔与钻孔相交处画出相贯线,如图 7-19 所示。

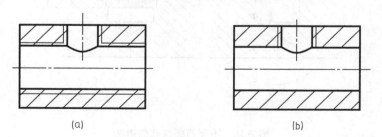

(a)   (b)

图 7-19 螺纹相贯的画法

7. 螺纹连接的画法

如图 7-20 所示,螺纹连接时内外径是重合的,大径线和大径线对齐;小径线和小径线对齐,旋合部分按外螺纹画;其余部分按各自的规定画。

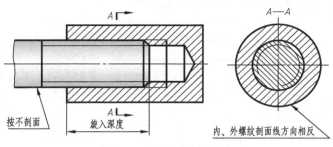

图 7-20 螺纹连接的画法

六、螺纹的标注

无论是三角螺纹、梯形螺纹，还是其他类型螺纹，按上述规定画法画出后，在图上均不能反映它的牙型、螺距、线数和旋向等结构要素，因此，还必须按规定的标记在图样中进行标注。

1. 螺纹的标记规定

表 7-2 为常见标准螺纹标记规定。

表 7-2 常见标准螺纹标记规定

序号	螺纹类别		特征代号	标记举例	螺纹副标记示例
1	普通螺纹		M	M20×1-LH M16 M20×P$_h$6P2-5g6g-L	M16-6H/5g6g
2	小螺纹		S	S0.6-4H5 S0.8LH-5h3	S0.9-4H5/5h3
3	梯形螺纹		Tr	Tr60×7-7H Tr60×14(P7)LH-7e	Tr30×6-6H/6c
4	锯齿形螺纹		B	B60×7-7a B60×14(P7)LH-8c-L	B40×7-7A/7c
5	55°非密封管螺纹		G	G1/2A G1/2-LH	G1/2A
6	55°密封管螺纹	圆柱外螺纹	R$_1$	R$_1$6	R$_p$/R$_1$6
		圆柱内螺纹	R$_p$	R$_p$3/4	
		圆锥外螺纹	R$_2$	R$_2$1/2	R$_c$/R$_2$1/2
		圆锥内螺纹	R$_c$	R$_c$3/4-LH	

理解表 7-2 的标记规定时，要注意以下几点。

序号 1、2 为紧固螺纹，序号 3、4 为传动螺纹，序号 5、6 为管螺纹。无论何种螺纹，旋向为左旋时均应在规定位置写"LH"，未注者均指右旋螺纹。各种螺纹标记中，用拉丁字母表示的螺纹特征代号均标于标记的左端，紧随螺纹特征代号之后的数值分为两种情况：序号 1~4 中的该数值指螺纹的公称直径，单位为 mm，序号 5~6 中的该数值是指螺纹的尺寸代号，而且无单位，不得称为"公称直径"。

普通螺纹的标注：

上述示例是普通螺纹的完整标记，当遇有以下情况时，其标记可以简化：

① 当螺纹中径与顶径公差带代号相同时，为避免重复只标注一个公差带代号。例如，

中径公差带和顶径公差带为 6g 的粗牙螺纹标记为 M10-6g。

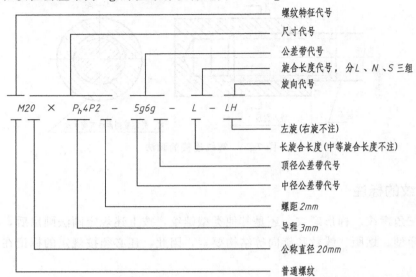

② 当螺纹为单线时，尺寸代号为"公称直径×螺距"，公称直径和螺距值单位均为 mm，此时导程和螺距数值相同，不必注写 P_h 和 P。当螺纹为粗牙时，不用标注螺距。例如公称直径为 10mm、螺距为 1mm 的单线细牙螺纹标记为 M10×1。

③ 在下列情况下，中等公差精度螺纹不标注其公差带代号。

外螺纹　　6h　公称直径 $d \leqslant 1.4$mm 时；

　　　　　6g　公称直径 $d \leqslant 1.6$mm 时。

内螺纹　　5H　公称直径 $D \leqslant 1.4$mm 时；

　　　　　6H　公称直径 $D \leqslant 1.6$mm 时。

以上是螺纹简化标记的规定，也适用于内外螺纹配合时标记。

2. 图样标注

图 7-21 是普通螺纹在图样中的标注示例。

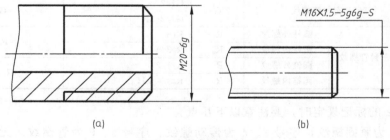

图 7-21　外螺纹的标注

(1) 梯形螺纹和锯齿形螺纹的标注　梯形螺纹和锯齿形螺纹的标注形式相同。梯形螺纹的牙型代号"Tr"，锯齿形螺纹的牙型代号为"B"。

单线螺纹：公称直径×螺距；多线螺纹：公称直径×导程（螺距）。

图样标注如图 7-22 所示。

(2) 管螺纹的标注　管螺纹分为螺纹密封管螺纹（R、R_c、R_p）和非螺纹密封管螺纹（G）。管螺纹的尺寸代号不是螺纹的大径，而是管子的近似孔径，单位为 in。螺纹的大径可从标准中查得，标注管螺纹的尺寸指引线应指向螺纹大径。

图样标注如图 7-23 所示。

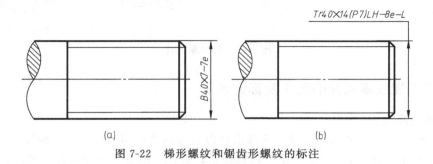

图 7-22 梯形螺纹和锯齿形螺纹的标注

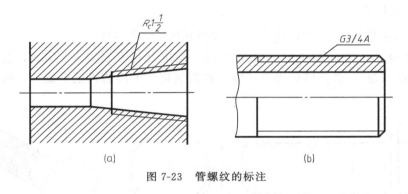

图 7-23 管螺纹的标注

主题二 螺纹紧固件连接的画法

螺纹紧固件：通过螺纹起连接作用的各种零件。螺纹紧固件的种类很多，如螺栓、螺母、螺钉、螺柱、垫圈等，它们大都为标准件，如图 7-24 所示。

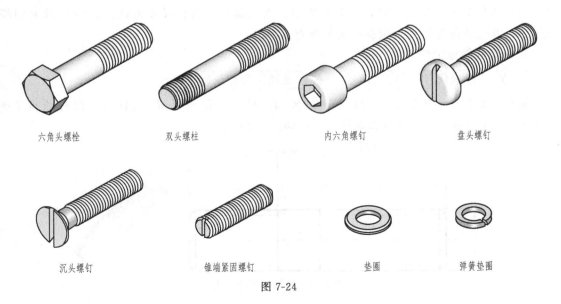

六角头螺栓　　　双头螺柱　　　内六角螺钉　　　盘头螺钉

沉头螺钉　　　锥端紧固螺钉　　　垫圈　　　弹簧垫圈

图 7-24

六角螺母

六角槽形螺母

圆螺母

圆螺母用止退垫

图 7-24　螺纹紧固件

一、常用螺纹紧固件的画法及标记示例

1. 六角头螺栓

螺栓由头部及杆部两部分组成，头部形状以六角形的应用最广。决定螺栓的规格尺寸为螺纹公称直径 d 及螺栓长度 l，选定一种螺栓后，其他各部分尺寸可根据有关标准查得。

螺栓的标记形式：

| 名称 | 标准代号 | 特征代号 | 公称直径×公称长度 |

例如：螺栓 GB/T 5782—2000 M24×70，是指公称直径 $d=24$mm，公称长度 $l=70$mm（不包括头部），性能等级为 8.8 级、表面氧化、A 级的六角头螺栓，画法如图 7-25 所示。

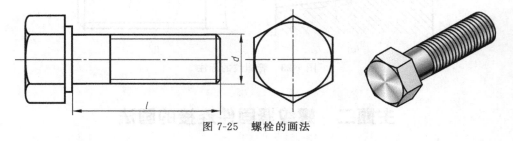

图 7-25　螺栓的画法

2. 双头螺柱

双头螺柱的两头都有螺纹，一端旋入被连接件的预制螺孔中，称为旋入端；另一端与螺母旋合，紧固另一个被连接件，称为紧固端。双头螺柱的规格尺寸为螺柱直径 d 及紧固端长度 L，其他各部分尺寸可根据有关标准查得。

双头螺柱的标记形式：

| 名称 | 标准代号 | 特征代号 | 公称直径×公称长度 |

例如：螺柱　GB/T 898—1988 M24×50，是指公称直径 $d=24$mm，公称长度 $l=50$mm（不包括旋入端）的双头螺柱，画法如图 7-26 所示。

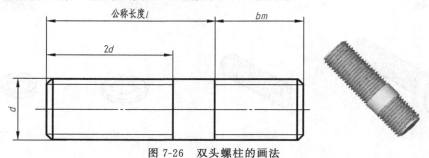

图 7-26　双头螺柱的画法

3. 螺母

螺母通常与螺栓或螺柱配合着使用，起连接作用，以六角螺母应用最为广泛。螺母的规格尺寸为螺纹公称直径 d，选定一种螺母后，其各部分尺寸可根据有关标准查得。

螺母的标记形式：

| 名称 | 标准代号 | 特征代号 | 公称直径 |

例如：螺母 GB/T 6170—2000 M24，指螺纹规格 $d=24$mm 的螺母，画法如图 7-27 所示。

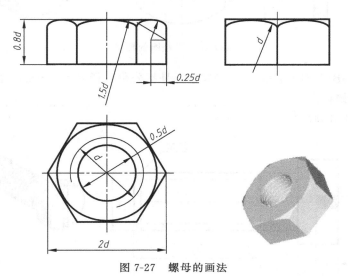

图 7-27 螺母的画法

4. 垫圈

垫圈通常垫在螺母和被连接件之间，其目的是增加螺母与被连接零件之间的接触面，保护被连接件的表面不致因拧螺母而被刮伤。垫圈分为平垫圈和弹簧垫圈两种，弹簧垫圈还可以防止因振动而引起的螺母松动。选择垫圈的规格尺寸依据螺栓直径 d，垫圈选定后，其各部分尺寸可根据有关标准查得。

平垫圈的标记形式：

| 名称 | 标准代号 | 规格尺寸 | 性能等级 |

弹簧垫圈的标记形式：

| 名称 | 标准代号 | 规格尺寸 |

例如：垫圈 GB/T 97.1—2002 16-140HV，指规格尺寸为 $d=16$mm，性能等级为 140HV 的平垫圈；垫圈 GB/T 93—1987 20，指规格尺寸为 $d=20$mm 的弹簧垫圈，平垫圈画法如图 7-28 所示。

5. 螺钉

螺钉按使用性质可分为连接螺钉和紧定螺钉两种，连接螺钉的一端为螺纹，另一端为头部。紧定螺钉主要用于防止两个相配合零件之间发生相对运动的场合。螺钉规格尺寸为螺钉直径 d 及长度 l，可根据需要从标准中选用。

螺钉的标记形式：

| 名称 | 标准代号 | 特征代号 | 公称直径×公称长度 |

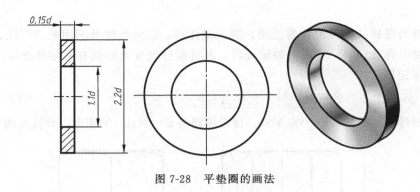

图 7-28　平垫圈的画法

例如：螺钉 GB/T 65—2000　M10×40，是指公称直径 $d=10\text{mm}$，公称长度 $l=40\text{mm}$（不包括头部）的螺钉。

开槽圆柱头螺钉画法如图 7-29 所示。

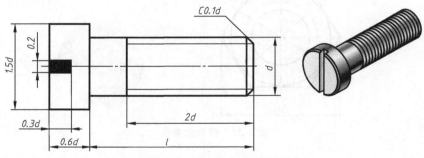

图 7-29　开槽圆柱头螺钉画法

在装配图中，常用螺纹紧固件可按表 7-3 中简化画法绘制。

表 7-3　常用螺纹紧固件

形　式	简化画法		形　式	简化画法	
六角头(螺栓)			方头(螺栓)		
圆柱头内六角(螺钉)			无头内六角(螺钉)		
无头开槽(螺钉)			沉头开槽(螺钉)		
半沉头十字槽(螺钉)			圆柱头开槽(螺钉)		

形式	简化画法	形式	简化画法
盘头十字槽（螺钉）	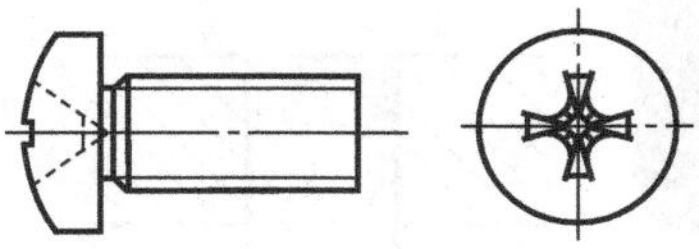	沉头开槽（自攻螺钉）	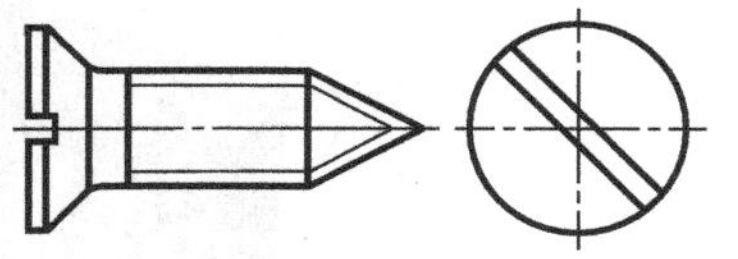
六角（螺母）	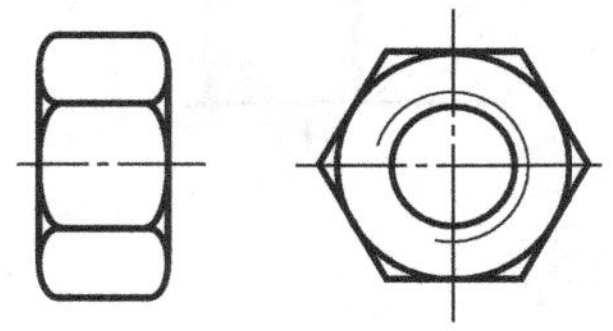	方头（螺母）	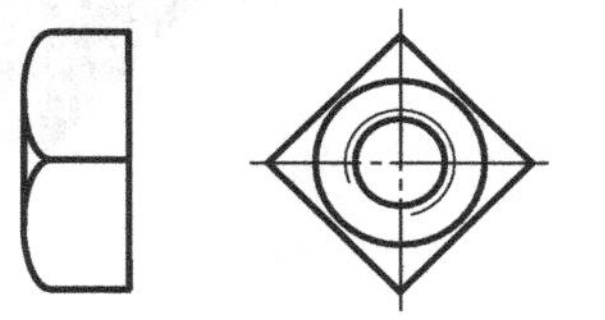
六角开槽（螺母）	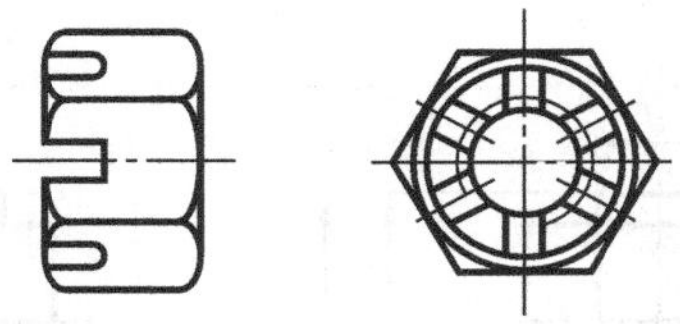	六角法兰面（螺母）	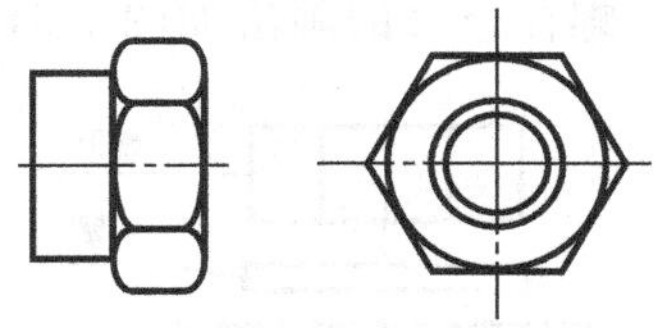
蝶形（螺母）	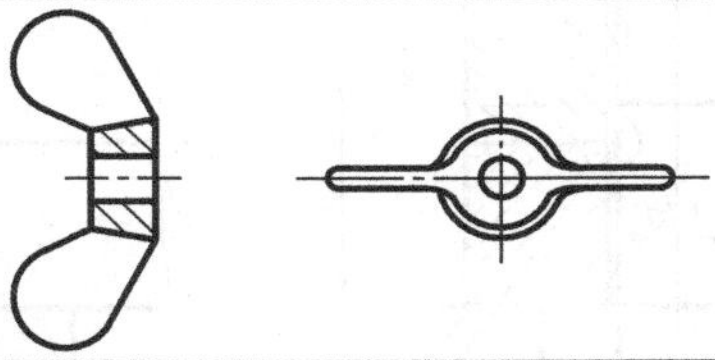	沉头十字槽（螺钉）	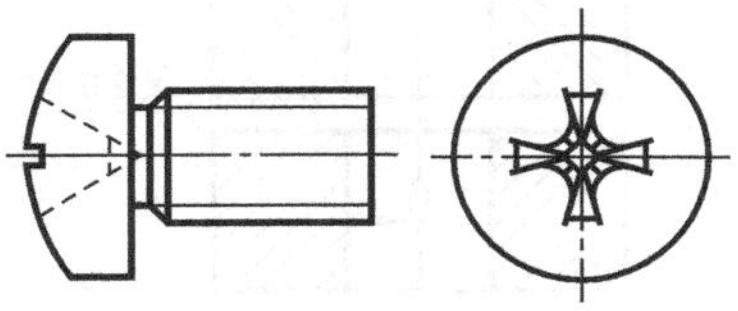

二、螺纹紧固件的连接画法

螺纹紧固件连接线条较多，位置很近，而且重合线条多，针对螺纹紧固件连接的以上问题，螺纹紧固件连接画法作以下规定，当剖切平面通过螺杆的轴线时，螺栓、螺柱、螺钉以及螺母、垫圈等均按未剖切绘制，螺纹紧固件的工艺结构，如倒角、退刀槽、缩颈、凸肩等细小结构均可省略。在剖视图上，两个被连接零件接触表面画一条线，不接触表面画两条线，相接触两零件的剖面线方向相反，同一零件的各个剖面区域，其剖面线画法应一致。

在机器装配中，零件与零件或部件与部件间常用紧固件进行连接。常用的紧固连接形式有螺栓连接、螺柱连接和螺钉连接三种。装配图是用来表述零件或部件之间的装配关系，因此装配图中的螺纹紧固件不仅可按上述画法规定简化地表达，而且图形中的各部分尺寸也可简便地按比例画法绘制。

1. 螺栓连接

如图 7-30 所示，螺栓适用于连接两个较薄的能钻成通孔的零件。连接时将螺栓穿过两个被连接零件的光孔（孔直径要比螺栓大径稍大，按 $1.1d$ 比例画出）。为使螺母和与其接触的零件受力均匀，需要选择合适的垫圈，然后用螺母紧固即可。

螺栓的公称长度 L 值的计算：

$l \geqslant \delta_1 + \delta_2 + h$（垫圈厚）$+ m$（螺母厚）$+ a$，通过查表计算后圆整取最短的标准长度。

螺栓连接中各尺寸的选取都是以螺纹公称直径 d 为基础，根据 d 按下列比例确定其他尺寸作图：

$b = 2d$；$h = 0.15d$；$d_2 = 2.2d$；$m = 0.8d$；$a = 0.3d$；$k = 0.7d$；$e = 2d$。

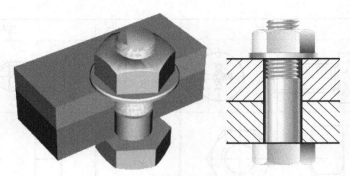

图 7-30　螺栓的连接

螺栓连接的画法如图 7-31 所示。

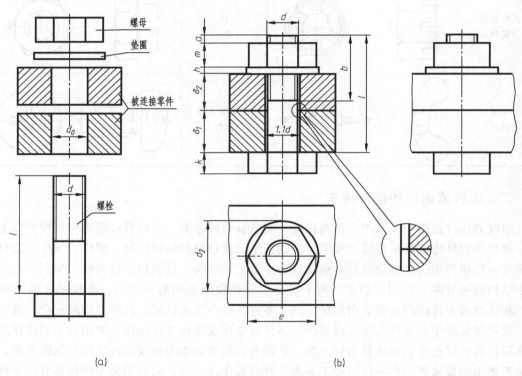

(a)　　　　　　　　　　　　(b)

图 7-31　螺栓连接的画法

2. 螺柱连接

如图 7-32 所示,当被连接零件中有一薄一厚,较厚件不适合钻成通孔时,可采用螺柱连接。螺柱的两端均加工有螺纹。其中螺柱一端旋入被连接件,称为旋入端;拧螺母的一端在被连接零件之外称为紧固端。连接前,先在较厚的零件上加工出螺孔,再在另外一零件上加工出通透的光孔,将螺柱旋入端全部旋入螺孔内,在紧固端套上有通孔的零件,套上垫圈,拧紧螺母,就完成了螺柱连接。螺柱连接的画法如图 7-33 所示。

螺柱旋入端长度 b_m 由被连接零件中较厚件的材料决定:

$b_m = d$　　　　　　　　　　用于钢或青铜、硬铝(较硬零件)

$b_m = 1.25d$　或 $b_m = 1.5d$　用于铸铁

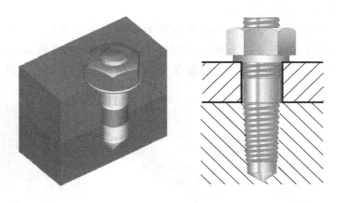

图 7-32　螺柱连接

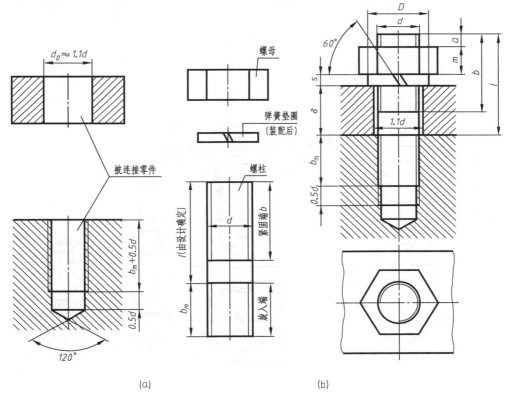

(a)　　　　　　　　　　(b)

图 7-33　螺柱连接的画法

$b_m = 2d$ 　　　　　　　　　　用于铝或其他较软材料

螺纹的公称长度 $l \geqslant \delta + s$（垫圈厚）$+ m$（螺母厚）$+ a$，查表计算后圆整取最短的标准长度即可。按比例画图时，垫圈厚度 $s = 0.2d$，外径尺寸 $D = 1.5d$。

图 7-33 中的垫圈选用的是弹簧垫圈，可用来防止螺母松动。弹簧垫圈的方向为阻止螺母松动的方向，画成与水平线成 60°且向左上角倾斜的两条平行粗线，当没有足够的绘图空间时，也可以画一条加粗线，加粗线的线宽为粗实线线宽的 2 倍。

3. 螺钉连接

螺钉常用于受力不大的连接和定位。按用途可把螺钉分为连接螺钉和紧定螺钉两种，前者用于连接零件，后者用于固定零件。

（1）连接螺钉　用于受力不大和不经常拆卸的场合。由头部和螺钉杆组成，螺钉头部有盘头、沉头、内六角圆柱头等多种形状。如图 7-34 所示，装配时将螺钉直接穿过被连接零件上的通孔，再拧入另一被连接零件上的螺孔中，靠螺钉头部压紧被连接零件。

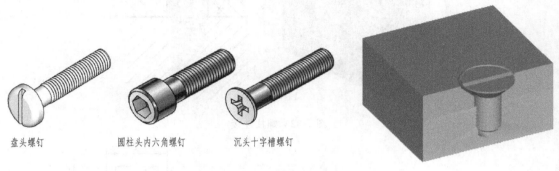

盘头螺钉　　　　圆柱头内六角螺钉　　　　沉头十字槽螺钉

图 7-34　螺钉连接

连接螺钉画法如图 7-35 所示。

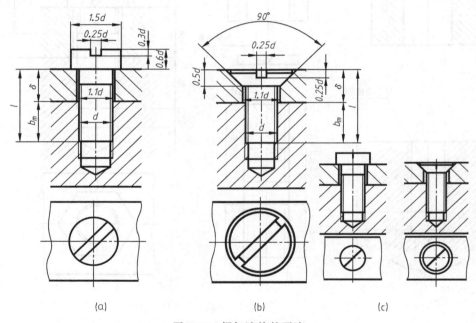

(a)　　　　　　　　(b)　　　　　　　　(c)

图 7-35　螺钉连接的画法

螺钉的公称长度 l 为螺钉的总长，计算公式：$l = b_m + \delta$，式中，b_m 的取值与螺柱连接该值的选取方法相同，图 7-36 是常见的几种错误画法。

分析图 7-36 中的错误的画法，可知画螺钉装配图时应注意：在螺钉连接中螺纹终止线应高于两个被连接零件的结合面 ［图 7-35 （a）］，表示螺钉有拧紧的余地，保证连接紧固。或者在螺杆的全长上都有螺纹 ［图 7-35 （b）］，螺纹头部的一字槽或十字槽的投影可以涂黑表示，投影为圆的视图上，这些槽应画成 45° 倾斜线，线宽为粗实线线宽的 2 倍，如图 7-35（c）所示。

（2）紧定螺钉　紧定螺钉可以用来固定两个零件，能保证它们在机器中相对静止，不能

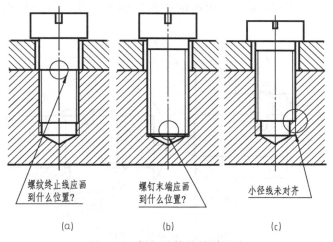

图 7-36　螺钉连接的错误画法

产生相对运动。如图 7-37 所示，在机器运转时，齿轮要随轴作圆周转动，两个零件用一个开槽紧定螺钉旋入齿轮轮毂的螺孔，螺钉末端有锥顶，在连接时使螺钉端部的锥顶压紧轴上对应处的锥坑，从而固定了轴和齿轮的相对运动。

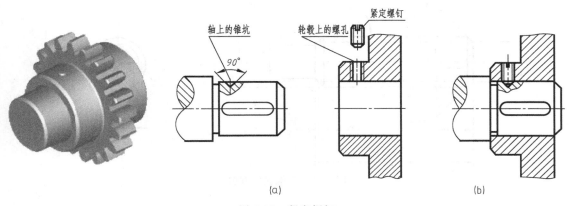

图 7-37　紧定螺钉

紧定螺钉端部结构分锥端、柱端、平端三种。如图 7-38 所示，锥端紧定螺钉靠端部锥面顶入机件上的小锥坑起定位、固定作用。

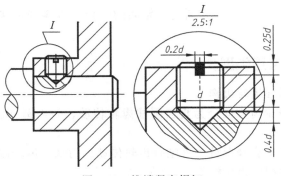

图 7-38　锥端紧定螺钉

如图 7-39 所示，柱端紧定螺钉利用端部小圆柱插入机件上的小孔或环槽起定位、固定作用。

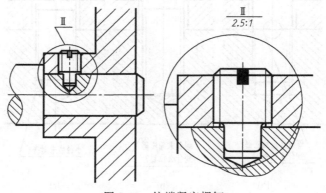

图 7-39 柱端紧定螺钉

如图 7-40 所示，平端紧定螺钉靠其端平面与机件的摩擦力起定位作用。

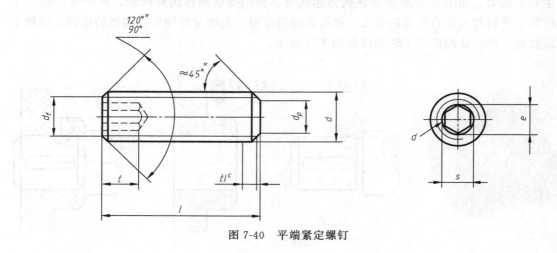

图 7-40 平端紧定螺钉

主题三 齿 轮

在机器中，用于传动的两部件间通常要用到齿轮，它具有传动比准确、结构紧凑、传动功率高、速度适用范围广等优点。它通过齿轮间的啮合可以实现传递动力、改变运动速度、改变运动方向。

一、齿轮传动的常用类型

1. 两轴线平行的圆柱齿轮机构

如图 7-41 所示，按轮齿方向分为直齿圆柱齿轮传动、斜齿圆柱齿轮传动、人字齿圆柱齿轮传动。

如图 7-42 所示，按啮合情况分为外啮合齿轮传动、内啮合齿轮传动、齿轮齿条传动。

2. 两轴线不平行的圆柱齿轮机构

① 图 7-43 表示相交轴齿轮传动，锥齿轮传动分为直齿和曲齿传动两种。

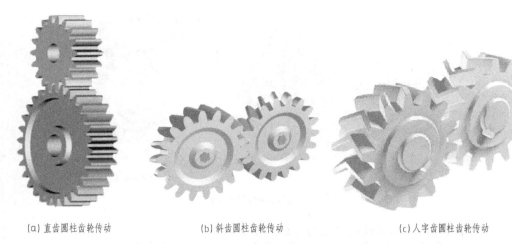

(a) 直齿圆柱齿轮传动   (b) 斜齿圆柱齿轮传动   (c) 人字齿圆柱齿轮传动

图 7-41　按轮齿方向划分的齿轮传动

(a) 外啮合齿轮传动   (b) 内啮合齿轮传动   (c) 齿轮齿条传动

图 7-42　按啮合情况划分的齿轮传动

(a) 直齿锥齿轮传动   (b) 曲齿锥齿轮传动

图 7-43　相交轴齿轮传动

② 图 7-44 表示交错轴齿轮传动，分为交错轴斜齿轮传动和蜗轮蜗杆传动。

二、齿轮传动的基本知识

1. 齿廓

齿廓曲线：齿轮传动是通过两啮合齿轮的齿面接触实现的，为保证两啮合齿轮具有准确

(a) 交错轴斜齿轮传动   (b) 蜗轮蜗杆传动

图 7-44　交错轴齿轮传动

的传动比，应将齿轮的齿廓曲线加工成特定的形状。

常用的齿廓曲线有：渐开线、摆线、圆弧等，应用最多的是渐开线。

图 7-45 表示的是渐开线齿廓，当一直线从位置Ⅰ—Ⅰ沿半径为 r_0 的圆周逆时针方向纯滚动到位置Ⅱ—Ⅱ时，此直线上任意点的轨迹称为该圆的渐开线。该圆称为渐开线的基圆，此直线称为渐开线的发生线。渐开线齿轮的齿廓主要是由两条对称的渐开线组成。

2. 齿轮的结构

齿轮的结构如图 7-46 所示。

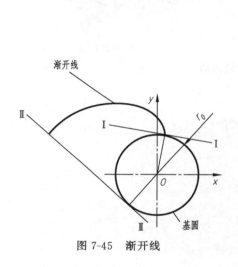

图 7-45　渐开线   图 7-46　齿轮的结构

三、直齿圆柱齿轮的几何要素和尺寸关系

直齿圆柱齿轮的几何要素和尺寸关系如图 7-47 所示。

① 齿数（z）：一个齿轮的总齿数。

② 齿轮的四个圆直径：

齿顶圆（d_a）：通过轮齿顶部圆周直径。

齿根圆直径（d_f）：通过轮齿根部圆周直径。

分度圆直径（d）：对于标准齿轮，是齿厚（s）等于齿槽宽（e）处的圆周直径。

③ 齿轮上的三段弧：

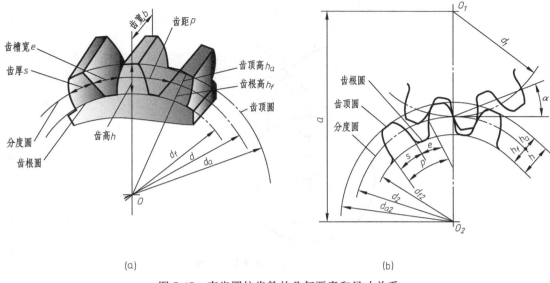

(a)   (b)

图 7-47 直齿圆柱齿轮的几何要素和尺寸关系

齿厚（s）：每个轮齿在分度圆上的弧长。

齿槽宽（e）：两轮齿间的槽在分度圆上的弧长。

齿距（p）：分度圆上相邻两齿对应点之间的弧长。

齿距与齿厚（s）、齿槽宽（e）的关系为：齿距＝齿厚＋齿槽宽。

④ 齿轮的三个高度：

分度圆把轮齿分成两部分。

齿顶高（h_a）：齿顶圆到分度圆之间的径向距离。

齿根高（h_f）：齿根圆到分度圆之间的径向距离。

齿全高：齿根圆与齿顶圆之间的径向距离，用 h 表示。

齿全高与齿顶高、齿根高的关系为：齿全高＝齿顶高＋齿根高。

⑤ 齿宽（b）：齿轮轮齿的轴向宽度。

⑥ 模数（m）：齿轮的齿距 p 除以圆周率 π 所得的商称为模数，即 $m＝p/π$，单位为 mm。齿数相等的齿轮，模数越大，齿轮尺寸就越大，轮齿也越大，承载能力越大。为了便于齿轮的设计与制造，模数已经标准化，我国规定的标准模数值见表 7-4。选模数时，应优先选用第一系列，括号内的模数尽可能不用。

表 7-4 **标准模数**（GB/T 1357—2008）　　　　　　　　　　mm

第一系列	1,1.25,1.5,2,2.5,3,4,5,6,8,10,12,16,20,25,32,40,50
第二系列	1.125,1.375,1.75,2.25,2.75,3.5,4.5,5.5,(6.5),7,9,11,14,18,22,28,36,45

⑦ 齿形角、分度圆压力角（$α$）：如图 7-48 所示，在端平面上过端面齿廓上任意一点 K 的径向直线与齿廓在该点处的切线所夹的锐角称为齿形角，用 $α$ 表示。K 点的齿形角为 $α_K$。

渐开线齿廓上各点的齿形角不相等，K 点离基圆越远，齿形角越大，基圆上的齿形角 $α＝0°$。

齿廓曲线在分度圆上某点处的速度方向与曲线在该点处的法线方向（即力的作用线方向）之间所夹锐角称为分度圆压力角，也用 $α$ 表示。

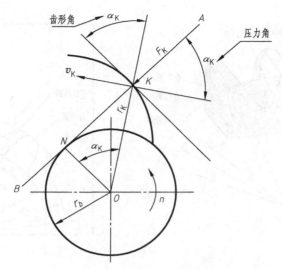

图 7-48　齿形角、分度圆压力角

⑧ 传动比（i）：齿轮传动的传动比是主动齿轮转速 n_1（r/min）与从动齿轮转速 n_2（r/min）之比，也等于两齿轮齿数之反比。

$$i = n_1/n_2 = z_2/z_1$$

⑨ 中心距（a）：两圆柱齿轮轴线之间的最短距离称为中心距，即 $a = (d_1 + d_2)/2 = m(z_1 + z_2)/2$。

四、直齿圆柱齿轮各几何要素的尺寸计算

标准直齿圆柱齿轮各几何要素的计算可按表 7-5 中的公式计算求得。

表 7-5　标准直齿圆柱齿轮各几何要素的尺寸计算

	基本参数:模数 m　齿数 z		
序　号	名　称	符　号	计　算　公　式
1	齿距	p	$p = m\pi$
2	齿顶高	h_a	$h_a = m$
3	齿根高	h_f	$h_f = 1.25m$
4	齿高	h	$h = 2.25m$
5	分度圆直径	d	$d = mz$
6	齿顶圆直径	d_a	$d_a = m(z+2)$
7	齿根圆直径	d_f	$d_f = m(z-2.5)$
8	中心距	a	$a = \dfrac{1}{2}(d_1 + d_2) = \dfrac{1}{2}m(z_1 + z_2)$

五、圆柱齿轮的画法

1. 单个圆柱齿轮的画法

如图 7-49 所示，绘图时齿顶圆和齿顶线用粗实线画出，分度圆和分度线用点画线画出，齿根圆和齿根线用细实线画出，也可省略不画。在剖视图中，齿根线要用粗实线画出；在绘制剖视图中，当剖切平面通过齿轮的轴线时，轮齿必须按不剖处理。

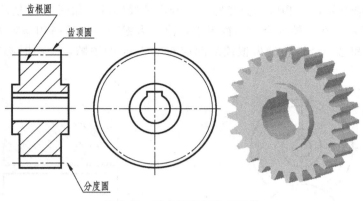

图 7-49　单个圆柱齿轮的画法

当需要表示斜齿或人字齿的齿轮形状时，如图 7-50 所示，可用三条与齿线方向一致的细实线表示。

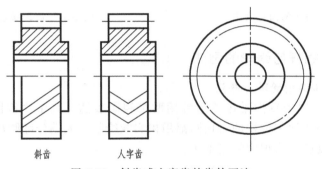

斜齿　　　　人字齿

图 7-50　斜齿或人字齿的齿轮画法

2. 啮合齿轮的画法

相互啮合的齿轮要画两个投影方向的视图才能表达清楚，通常选择主、左视图来绘制，在垂直于圆柱齿轮轴线投影面的视图中，齿轮投影是反映齿轮实形的圆，啮合区内齿顶圆均用粗实线绘制（图 7-51），在不引起误会的情况下也可以在啮合区按省略画法绘制（图 7-52）。在剖视图中，剖切平面通过两啮合齿轮轴线，在啮合区部分将一个齿轮的轮齿用粗实线绘制，另一个被遮挡部分用细虚线画出（图 7-51），也可省略不画。在平行于圆柱齿轮轴线的投影面

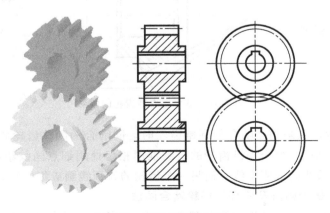

图 7-51　啮合齿轮的画法

外形视图中，啮合区不画齿顶线，只用粗实线画出节线即可，如图 7-52 所示。

如图 7-53 所示，在齿轮啮合的剖视图中，由于齿根高与齿顶高相差较小（$0.25m$），一个齿轮的齿顶线和另一个齿轮的齿根线之间应有 $0.25m$ 的顶隙，画图时必须画出，可以采用夸大画法。

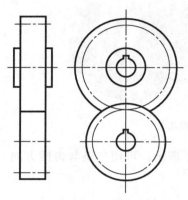

图 7-52　啮合齿轮的简化画法

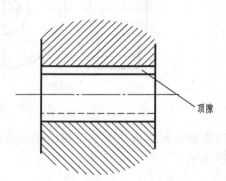

图 7-53　齿轮啮合的剖视图

六、锥齿轮、蜗杆与蜗轮的画法

1. 锥齿轮画法和锥齿轮啮合画法

如图 7-54 所示，单个直齿锥齿轮通常用两个视图表达，其中主视图采用全剖视画法，在投影为圆的视图中小端和大端的齿顶圆都用粗实线绘制，大端分度圆用细点画线画出，大端齿根圆及小端分度圆和齿根圆省略不画。

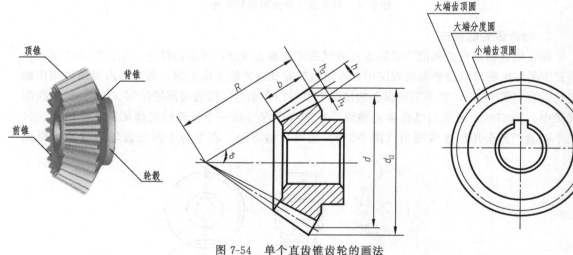

图 7-54　单个直齿锥齿轮的画法

如图 7-55 所示，在画相互啮合的圆锥齿轮时，同啮合的圆柱齿轮画法类似，两个圆锥齿轮主视图画成全剖视，两个圆锥齿轮的节圆锥面相切处用细点画线绘制，在啮合区域内，其中一个齿轮的齿顶线画成粗实线，而另一个齿轮的齿顶线画成细虚线，也可以省略不画。

2. 单个蜗杆、蜗轮画法及蜗杆与蜗轮啮合画法

蜗杆、蜗轮的画法与圆柱齿轮画法基本相同。蜗杆的画法如图 7-56 所示，主视图上可

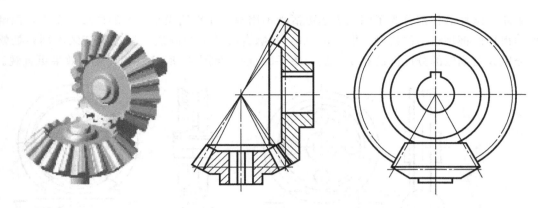

图 7-55　锥齿轮啮合画法

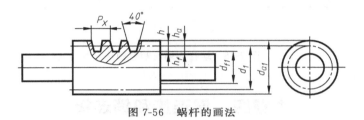

图 7-56　蜗杆的画法

用局部剖视图表达齿形结构。齿顶圆的投影用粗实线画出，分度圆投影用细点画线画出，齿根圆投影用细实线来画出，也可以省略不画。蜗轮的画法如图 7-57 所示，主视图采用全剖视图来表达，在投影为圆的视图中，只画分度圆 d_2 和蜗轮外圆 d_{e2}。

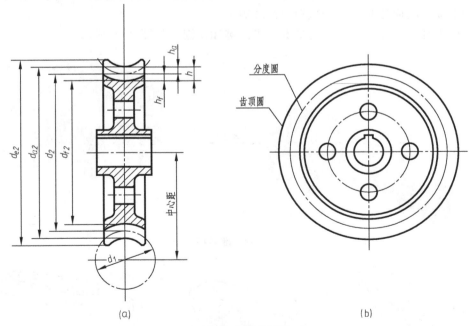

(a)　　　　　　　　　　　　　　　(b)

图 7-57　蜗轮的画法

图 7-58 表示蜗杆、蜗轮啮合画法，其中图 7-58（a）为啮合轴测图，图 7-58（b）为啮合时外形视图，画图时要保证蜗轮的分度圆与蜗杆的分度线相切。在蜗轮投影非圆的视图

中，蜗轮被蜗杆遮住部分为了图纸表达更清晰不用画，在蜗轮投影为圆的外形视图中，两啮合件的齿顶圆都用粗实线绘制。图 7-58（c）是啮合时的剖视画法，注意啮合区内剖开处蜗杆的分度线与蜗轮的分度圆的相切画法，图 7-58（c）与图 7-58（b）相比表达效果更直观。

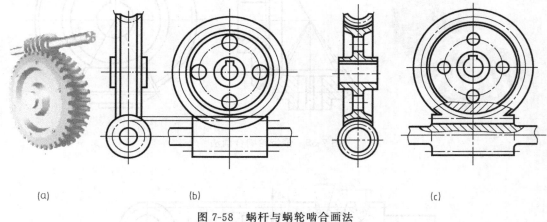

(a)   (b)   (c)

图 7-58 蜗杆与蜗轮啮合画法

主题四 键连接和销连接

一、键连接

如图 7-59 所示，键连接是一种可拆卸连接，用于连接轴和齿轮或轴和皮带轮等，使它们在轴的带动下共同旋转，来传递动力或转矩。

键为标准件，常用的键有普通平键、半圆键和楔键，如图 7-60 所示。

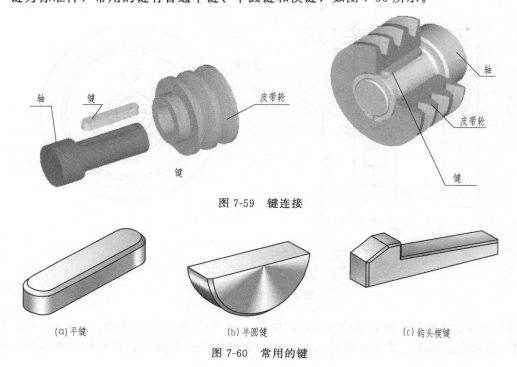

图 7-59 键连接

(a) 平键   (b) 半圆键   (c) 钩头楔键

图 7-60 常用的键

普通平键：应用最为广泛。

半圆键：半圆键常用于载荷不大的传动轴上。由于半圆键在槽中能绕其几何中心摆动，以适应轴上键槽的斜度，因而在锥形轴上应用较多。

钩头楔键：键的上顶面有 1：100 的斜度，装配时将键沿轴向嵌入键槽内，钩头楔键靠上下面接触的摩擦力将轴和齿轮或皮带连接。

1. 普通平键

普通平键有三种结构类型：如图 7-61 所示，A 型（圆头）、B 型（平头）、C 型（单圆头）。

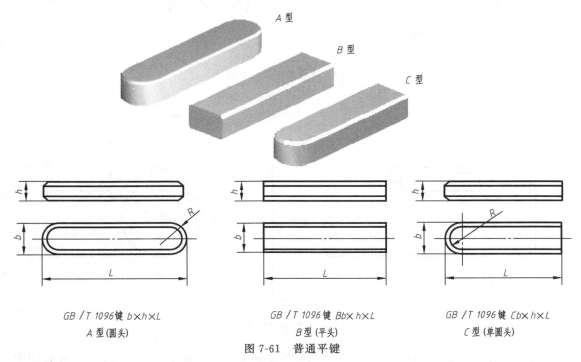

图 7-61 普通平键

图 7-59 是键连接情况中的一种，在轴和轮毂两个被连接件上根据所选键的型号分别加工出键槽，装配时先把键嵌入轴的键槽中，再将轮毂上的键槽对准轴上的键，把轮子装在轴上。

（1）普通平键的标记

键 GB/T 1096，形式 $b \times h \times L$。

其中：A 型应用最广不必标注型式，b 为键宽，h 为键厚，L 为键长。

例如：键 GB/T 1096 B8×10×25 表示键宽为 8mm，厚度为 10mm，长度为 25mm 的 B 型普通平键。

（2）普通平键键槽画法及尺寸标注

键为标准件，标准件在机器装配时直接外购，因此不必画键的零件图，但要画出两个被连接零件上与键相配合部件的键槽，键槽的画图方法及尺寸标注如图 7-62 所示，键槽宽 b、轴上槽深 t_1 和轮毂槽深 t_2 都以键尺寸为基准，从键的标准中查得，键长度 L 应稍稍小于或等于轮毂的长度。普通平键的尺寸和键槽的断面尺寸可按轴的直径查表获得。

（3）普通平键键连接的画法

图 7-63 是用键连接轴和轮毂的装配图，主视图中键纵向对称中心线与轴线平行，键被

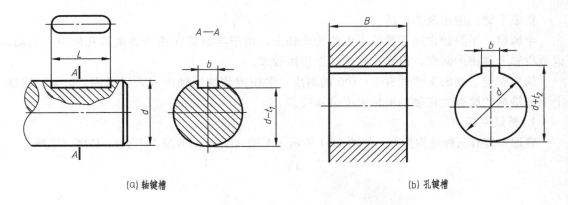

(a) 轴键槽　　　　　　　　　　　　　　(b) 孔键槽

图 7-62　键槽画法及尺寸标注

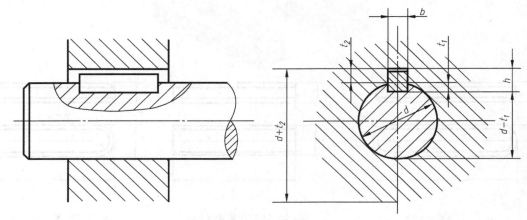

图 7-63　键连接的画法

剖切面纵向剖切，键按不剖处理。左视图用局部剖视来表达键在轴上的装配情况，左视图中键被横向剖切，键必须画剖面线，注意三个零件剖面线不同。平键的两个侧面是受力表面，与轴键槽和轮毂两个侧面配合，键的底面与轴的键槽底面接触，所以画一条线，键顶面不与轮毂键槽底接触，画图时要能够表达出这个间隙，因此要画两条线。

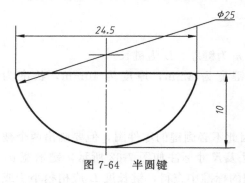

图 7-64　半圆键

2. 半圆键

（1）半圆键的标记

键　GB 1099—79　$b \times L$，其中 b 为键宽，L 为键长。

如图 7-64 所示：键　GB 1099—79　6×24.5。

（2）半圆键连接画法

如图 7-65 所示，半圆键的两侧面为键的工作表面，只应在接触面上画一条轮廓线，键的上表面与轮毂之间的间隙应画出来。

3. 钩头楔键

（1）钩头楔键的标记

键　GB 1565—2003　$b \times L$

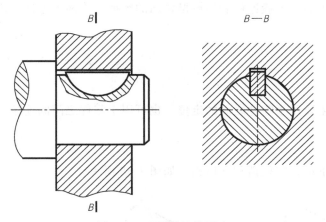

图 7-65　半圆键连接画法

如图 7-66 所示：键　18×100　GB 1565—2003。

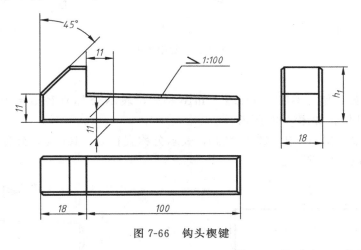

图 7-66　钩头楔键

（2）钩头楔键连接画法

如图 7-67 所示，钩头楔键的上顶面有 1∶100 的斜度，装配时将键沿轴向打入键槽中。

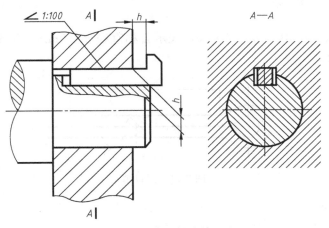

图 7-67　钩头楔键连接画法

钩头楔键是靠上下表面与轮毂键槽和轴键槽之间的摩擦力将两者连接，因而装配图中键的上下表面没有间隙。

二、销连接

1. 销的功用

销是标准件，主要用于零件之间的定位，也可用于零件之间的连接，但只能传递不大的转矩。

2. 销的种类

常用的销有圆锥销、圆柱销和开口销，如图 7-68 所示。

(a)圆锥销 (b)圆柱销 (c)开口销

图 7-68　常用的销

3. 销的标记

圆柱销：例如，销　GB/T 119.1　m10×30，表示公称直径 $d=10\text{mm}$，长度 $l=30\text{mm}$，A 型圆柱销，如图 7-69 所示。

圆锥销：例如，销 GB/T 117 10×60，表示公称直径 $d=10\text{mm}$，公称长度 $l=60\text{mm}$，A 型圆锥销，如图 7-70 所示。

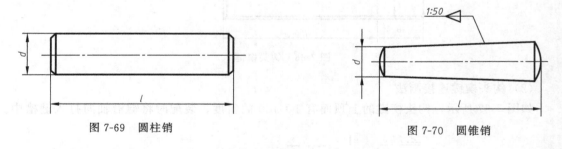

图 7-69　圆柱销

图 7-70　圆锥销

开口销：例如，销 GB/T 91　5×50，表示公称直径 $d=5\text{mm}$，长度 $l=50\text{mm}$ 的开口销，如图 7-71 所示。

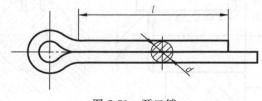

图 7-71　开口销

4. 销连接的画法

销连接的画法如图 7-72 所示。

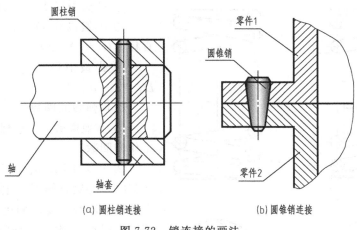

(a) 圆柱销连接　　　　　　　　(b) 圆锥销连接

图 7-72　销连接的画法

主题五　弹　簧

　　弹簧是机械、电气设备中常用的零件，即使在生活中，我们也会接触到各种弹簧。弹簧在部件中的作用是减震、复位、夹紧、测力和储能等。弹簧的特点是在弹性变形范围内，去掉外力后能立即恢复原状。弹簧的种类较多，作用各有不同。如图 7-73 所示，弹簧的种类有压缩弹簧、拉伸弹簧、扭转弹簧、涡卷弹簧、板簧等。

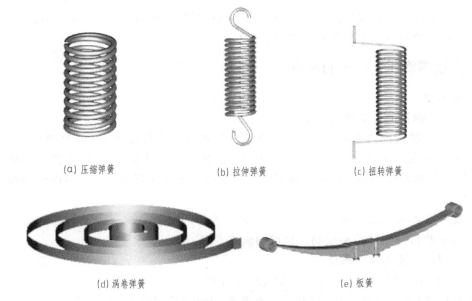

(a) 压缩弹簧　　　　　　(b) 拉伸弹簧　　　　　　(c) 扭转弹簧

(d) 涡卷弹簧　　　　　　　　　　(e) 板簧

图 7-73　弹簧的种类

一、圆柱螺旋压缩弹簧参数及尺寸计算

（1）弹簧的直径　圆柱螺旋压缩弹簧如图 7-74 所示，其参数解释如下。

① 簧丝直径 d——制造弹簧所用金属丝的直径。

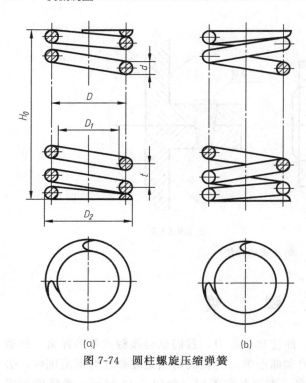

图 7-74　圆柱螺旋压缩弹簧

② 弹簧外径 D——弹簧的最大直径。

③ 弹簧内径 D_1——弹簧的内孔最小直径，$D_1 = D - 2d$。

④ 弹簧中径 D_2——弹簧平均直径，$D_2 = D - d$。

（2）弹簧的圈数

① 有效圈数 n——保持相等节距参与工作的圈数。

② 支承圈数 n_2——弹簧两端部分，加工时要并紧且磨平，主要起支承作用的支承圈的圈数。支承圈可以使螺旋压缩弹簧工作时受力均匀，增加弹簧的平稳性。如图 7-74 所示弹簧两端各有 1.25 圈为支承圈，即 $n_2 = 2.5$。

③ 总圈数 n_1——有效圈数和支承圈数之和，即 $n_1 = n + n_2$。

（3）节距 t　节距 t 指除支承圈外，相邻两有效圈数上对应点间的轴向距离。

（4）自由高度 H_0　自由高度 H_0 指未受载荷作用时弹簧的高度。其计算式为：$H_0 = nt + (n_2 - 0.5)d$。

（5）展开长度 L　弹簧的金属丝长度，由螺旋线的展开可知：$L \approx n_1 \sqrt{(\pi D_2)^2 + t^2}$。

（6）旋向　旋向分为左旋和右旋两种。

二、圆柱螺旋压缩弹簧的画法

1. 规定画法

国家标准对弹簧的画法规定如下。

① 在平行于轴线投影面的视图中，将各圈的轮廓线简化为直线（原形是螺旋线）。

② 有效圈数在 4 圈以上时，可每端只画 1～2 圈（支承圈除外），其余省略不画，中间用通过弹簧钢丝断面中心的细点画线连起来，允许适当缩短图形的长度，但应注明弹簧设计要求的自由高度。

③ 左旋弹簧亦可画成右旋，但应注写"左"字。

④ 支承圈数可按实际结构绘制，也可画成 2.5 圈。

2. 装配图中弹簧的简化画法

在绘制机件的装配图时，可按下述简化画法作图。

① 在装配图中弹簧被视为实心结构，因而被弹簧挡住的结构不必画出，如图 7-75（a）所示。

② 当簧丝直径 $d \leqslant 2mm$ 时，其剖面可以涂黑，如图 7-75（b）所示。簧丝直径 $d < 1mm$ 时，可采用示意画法，如图 7-75（c）所示。

3. 画法举例

已知圆柱螺旋压缩弹簧的中径 $D_2 = 38mm$，簧丝直径 $d = 6mm$，节距 $t = 11.8mm$，有效圈数 $n = 7.5$，支承圈数 $n_2 = 2.5$，右旋，试画出弹簧的轴向剖视图。

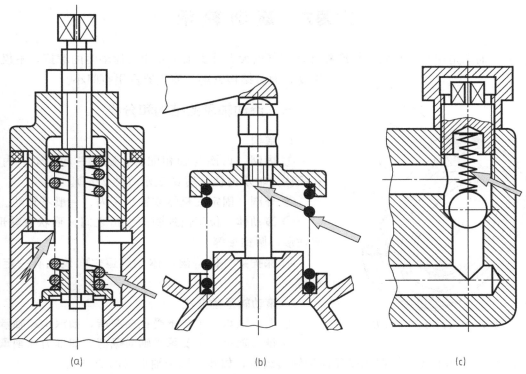

图 7-75　装配图中弹簧的简化画法

作图步骤：（1）计算弹簧各参数

$$弹簧外径 D = D_2 + d = 38 + 6 = 44mm$$

$$自由高度 H_0 = nt + (n_0 - 0.5)d$$

$$= 7.5 \times 11.8 + (2.5 - 0.5) \times 6 = 100.5mm$$

（2）**画出图形**　弹簧的绘图步骤如图 7-76 所示。

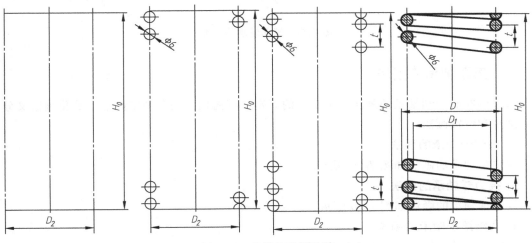

图 7-76　弹簧的绘图步骤

主题六　滚动轴承

滚动轴承是用来支承轴的标准部件，它可以大大减少轴与孔相对运动时的摩擦，不仅效率高，而且结构紧凑，使机器占用空间小。

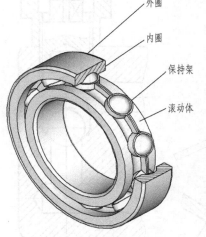

图 7-77　滚动轴承的结构

一、滚动轴承的结构和分类

1. 结构

① 内圈　内圈与轴相配合，随轴一起转动。内圈孔径称为轴承内径，用 d 表示（图 7-77）。

② 外圈　固定在机体或轴承座内，一般不转动。

③ 滚动体　位于内外圈的滚道之间，形状有球形、圆柱形、圆锥形等。

④ 保护架　保持滚动体在滚道之间彼此有一定的距离。

2. 滚动轴承的分类

① 向心轴承　主要承受径向载荷，如深沟球轴承。

② 推力轴承　主要承受轴向载荷，如推力球轴承。

③ 向心推力轴承　同时承受径向和轴向载荷，如圆锥滚子轴承（图 7-78）。

向心轴承　　　　　　　　推力轴承　　　　　　　　向心推力轴承

图 7-78　滚动轴承的分类

二、滚动轴承的画法

国家标准对滚动轴承的画法作了统一的规定，有简化画法和规定画法。简化画法又分为通用画法和特征画法。

1. 深沟球轴承的画法

深沟球轴承的画法如图 7-79 所示。

2. 推力球轴承的画法

推力球轴承的画法如图 7-80 所示。

3. 圆锥滚子轴承的画法

圆锥滚子轴承的画法如图 7-81 所示。

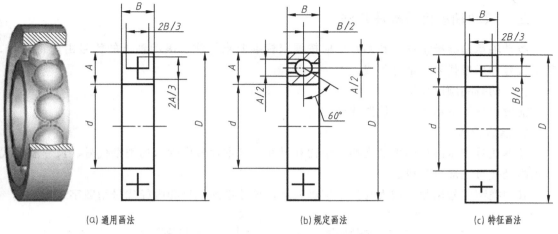

(a) 通用画法　　　　　　　(b) 规定画法　　　　　　　(c) 特征画法

图 7-79　深沟球轴承的画法

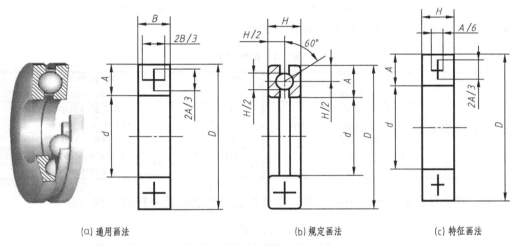

(a) 通用画法　　　　　　　(b) 规定画法　　　　　　　(c) 特征画法

图 7-80　推力球轴承的画法

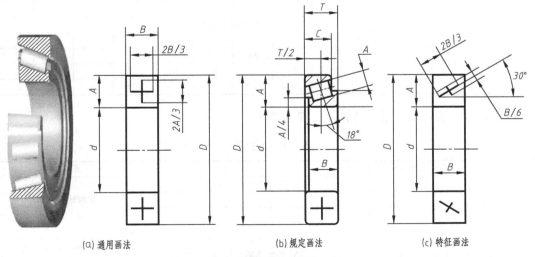

(a) 通用画法　　　　　　　(b) 规定画法　　　　　　　(c) 特征画法

图 7-81　圆锥滚子轴承的画法

三、滚动轴承代号标注方法

滚动轴承是标准组件，在图样中应按国家标准要求标注。滚动轴承的代号由前置代号、基本代号和后置代号三部分组成。

代号的排列顺序如下：

前置代号　基本代号　后置代号

1. 基本代号

基本代号表示滚动轴承的类型、结构和尺寸。基本代号由轴承的类型代号、尺寸系列代号和内径代号三部分组成。

其中类型代号用数字或大写拉丁字母表示，尺寸系列代号和内径代号用数字表示。

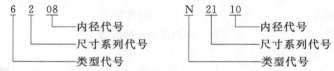

轴承类型代号中数字和字母表示的含义见表7-6。

表7-6　类型代号

代号	轴 承 类 型	代号	轴 承 类 型
0	双列角接触球轴承	6	深沟球轴承
1	调心球轴承	7	角接触球轴承
2	调心滚子轴承和推力调心滚子轴承	8	推力圆锥滚子轴承
3	圆锥滚子轴承	N	圆柱滚子轴承
4	双列深沟球轴承	QJ	四点接触球轴承
5	推力球轴承	U	外球面球轴承

尺寸系列代号由滚动轴承的宽（高）度系列代号和直径代号组合而成（表7-7）。

表7-7　尺寸系列代号

直径系列代号	向心轴承								推力轴承			
	宽度系列代号								高度系列代号			
	8	0	1	2	3	4	5	6	7	9	1	2
	尺寸系列代号											
7		08	17		37							
8		09	18	28	38	48	58	68				
9		00	19	29	39	49	59	69				
0		10	20	30	40	50	60		70	90	10	

内径代号：表示轴承的公称内径，见表7-8。

表7-8　内径代号

轴承公称内径/mm		内 径 代 号	示　　　例
10—17	10	00	深沟球轴承 6200
	12	01	$d = 10\text{mm}$
	15	02	
	17	03	
代号数字为 04—96		代号数字乘5即为轴承内径	调心滚子轴承 23208 $d = 40\text{mm}$

2. 前置代号和后置代号

前置代号和后置代号是轴承在结构形状、尺寸、公差和技术要求等有改变时在其基本代号左右添加的代号。

前置代号用字母表示，后置代号用字母或数字表示。

前置、后置代号的标注形式和内容可从相关标准中查得。

主题七 中 心 孔

一、中心孔的形式

中心孔一般是细长或较重的轴类零件在加工过程中为了防止变形而为顶丝顶紧而加工的结构。此时中心孔只作为加工工艺结构要素。当零件需要用中心孔作为测量或维修中的基准时，中心孔既是工艺结构要素，又是完工零件上必须具备的尺寸要素。

中心孔结构在国家标准中已标准化，它有 A 型、B 型、C 型三种结构形式，其表示法见表 7-9。通常用局部剖视图表示中心孔的内部结构，并且需要标注各部分尺寸。这种方法比较烦琐，故国家标准规定了中心孔的简化画法。

表 7-9　中心孔结构形式和尺寸　　　　　　　　　　　　　　　　　mm

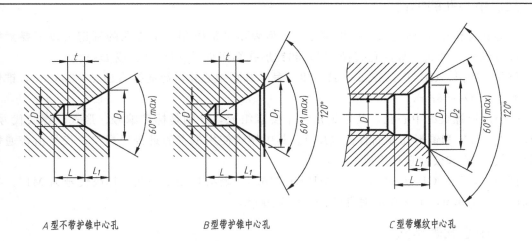

A 型不带护锥中心孔　　　　　　　　B 型带护锥中心孔　　　　　　　　C 型带螺纹中心孔

$D D_1$			L_1(参考)		t(参考)	D	D_1	D_2	L	L_1(参考)	选择中心孔的参考数据		
AB 型	A 型	B 型	A 型	B 型	AB 型			C 型			轴状原料最大直径 D_0	原料端部最小直径 D_0	零件最大质量 /kg
2.0	4.25	6.3	1.95	2.54	1.8						>10~18	8	120
2.5	5.30	8.0	2.42	3.20	2.2						>18~30	10	200
3.15	6.70	10.00	3.07	4.03	2.8	M3	3.2	5.8	2.6	1.8	>30~50	12	500
4.00	8.50	12.50	3.90	5.05	3.5	M4	4.3	7.4	3.2	2.1	>50~80	15	800
(5.00)	10.60	16.00	4.85	6.41	4.4	M5	5.3	8.8	4.0	2.4	>80~120	20	1000
6.30	13.20	18.00	5.98	7.36	5.5	M6	6.4	10.5	5.0	2.8	>80~120	25	1500
(8.00)	17.00	22.40	7.79	9.36	7.0	M8	8.4	13.2	6.0	3.3	>180~220	30	2000
10.00	21.20	28.00	9.70	11.66	8.7	M10	10.5	16.3	7.5	3.8	>180~220	35	250

注：括号内尺寸尽量不用。

二、中心孔的符号

有些轴类零件对中心孔有要求，这时用表 7-10 中规定的符号表示，用两条夹角为 60°的等长线段表示中心孔的符号标记。

表 7-10　中心孔表示法（摘自 GB/T 4459.5—1999）

要　求	符　号	标注示例	解　释
在完工的零件上要求保留中心孔		$B3.15/10$	要求做出 B 型中心孔 $d=3.15$，$D_{max}=10$。在完工零件上要求保留
在完工的零件上可以保留中心孔		$A4/8.5$	用 A 型中心孔 $d=4$，$D_{max}=8.5$。在完工零件上是否保留都可以
在完工的零件上不允许保留中心孔		$A2/4.25$	用 A 型中心孔 $d=2$，$D_{max}=4.25$。在完工零件上不允许保留

三、中心孔的标记

中心孔标记中 A 型表示不带护锥型，B 型表示带护锥型。中心孔的标记由以下要素构成：标准编号、形式、导向孔直径（d）和锥形孔端面直径（D、D_2 或 D_3）。

例如：标记　GB/T 4459.5—B2.5/8　表示 B 型中心孔，导向孔直径 $d=2.5$mm，锥形孔端面直径 $D_2=8$mm。

C 型是带螺纹的中心孔，其标记由五个要素组成，分别是标准编号、形式、螺纹代号、螺纹长度（L）和锥形孔端面直径（D_3）。其中螺纹使用最多的是普通螺纹，代号由普通螺纹特征代号 M 和公称直径组成。

例如：标记　GB/T 4459.5—CM10L30/16.3　表示 C 型中心孔，螺纹代号为 M10，螺纹长度 $L=30$mm，锥形孔端面直径 $D_3=16.3$mm。

四、中心孔表示法

中心孔表示法可分为规定和简化表示法两种。

1. 规定表示法

由于中心孔已标准化，而且结构细小，不易表达，所以不需要画出它的详细结构，把符号和标记标注在轴端中心孔部位即可。

标记中的标准编号也可按图 7-82 中的形式标注。

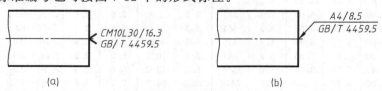

(a)　　　　　　　　　　　　　　　(b)

图 7-82　标准编号

当中心孔有表面粗糙度要求时，中心孔轴线作为基准，标注方法如图 7-83 所示。

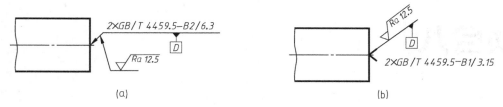

图 7-83 标注方法

2. 简化表示法

在不致引起误会时，可省略中心孔标记中的标准编号，如图 7-84 所示。同一轴的两端中心孔相同时，可只在轴的一端标注，但必须标注出中心孔的数量，如图 7-83（a）和图 7-84 所示。

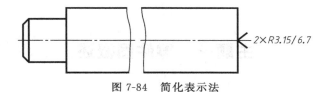

图 7-84 简化表示法

项目八

零件图

主题一　零件图概述

一、零件图的内容

零件是组成机器或部件不可拆分的最小单元。任何一台机器或一个部件都是由若干零件装配而成，制造机器首先要依据零件图加工零件。零件图是表达设计信息的主要媒体，是制造和检验零件的主要依据。因此培养绘制和识读零件图的基本能力是每个技术人员必备的能力，是顺利完成职业技能鉴定的必备知识。

二、零件图与装配图的关系

零件图用来表述零件的形状、结构、大小，根据相关的尺寸标注、技术要求等可以加工制造零件。用来反映机器（或部件）的工作原理、零件间的装配关系以及技术要求等的图样称为装配图。在设计和测绘机器的时候，先绘制出装配图，然后拆画零件图，零件加工完成后，根据装配图将零件装配成机器（或部件）。零件图和装配图有着很密切的关系，在识读和绘制零件图的时候，需要确定零件在部件中的相对位置和机器工作过程中所起的作用，进而理解所有零件的形状结构与加工的方法，还要明白部件之中主要零件的结构形状、作用，以及各个零件之间的位置关系。根据零件的作用和结构，通常分为4种：轴套类、盘盖类、箱壳类、叉架类等。

图8-1所示为齿轮泵轴测分解图，齿轮油泵是一种供油装置，它由一些标准件（如螺钉、销、螺母等）和专用件（如泵体、端盖等）装配而成，泵体是齿轮泵的主要零件。

三、零件图的内容

图8-2是泵体完整的零件图，零件图应具备以下基本内容。

1. 合适的图形

合理选择零件图中的视图、剖视图等表达形式，能够正确、完整、清晰、简便地表达零件的内、外结构形状。

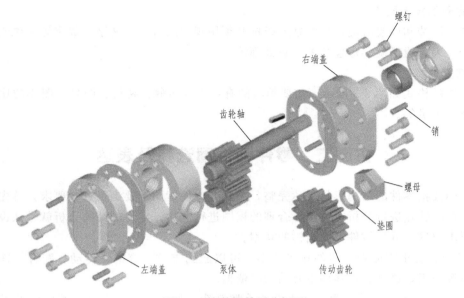

图 8-1　齿轮泵轴测分解图

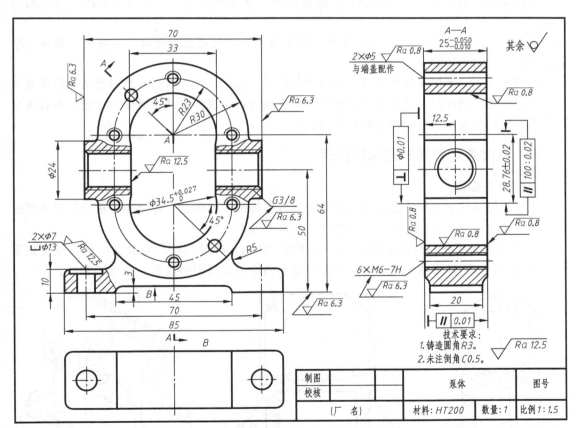

图 8-2　齿轮泵泵体零件图

2. 齐全的尺寸

齐全的尺寸是零件制造和检验的保证。

3. 完善的技术要求

零件在制造和检验时应达到的技术指标必须用规定的符号、文字、数字等来说明，如极限与配合、表面粗糙度、形位公差、热处理等。

4. 完整的标题栏

标题栏的格式如图 8-2 所示，需要填写的有：零件名称、材料、图号、图样的比例以及制图、审核人员等。

主题二　零件图视图选择及表达

零件图要把零件的结构形状表达完整，并且要方便读图。要满足这些要求，首先要对零件的结构形状特点进行分析，再选择合理的视图进行表达。零件的结构分析就是从设计要求和工艺要求出发，分析零件不同结构的功用。

① 从设计要求方面看，零件在机器中，可以起到支撑、容纳、传动、配合、连接、安装和定位等功用，这是决定零件主要结构的依据。

② 从工艺要求方面看，为了使零件的毛坯制造、加工、测量以及装配和调整工作能顺利、方便进行，应设计出零件的圆角、起模斜度、倒角等结构，这是决定零件局部结构的依据。

③ 从实用和美观方面看，不仅要求产品能使用，而且还要求经济、美观等，要从美学的角度来考虑结构形状。

结构分析后，了解零件在机器或部件中的位置、作用及加工方法，然后灵活地选择基本视图、剖视图、断面图及其他各种表示法，合理地选择主视图和其他视图，确定一种较为合理的表达方案是表示零件结构形状的关键。

一、选择表达方案的方法和步骤

1. 选择主视图

主视图是零件的关键视图，直接关系到零件结构形式的表达，并且还关系到其他视图的数量和位置的确定，选择要合理，一般考虑到以下几个方面。

① 应较好地反映零件的形状特征。把反映零件内、外形状信息量最多，即最能反映零件各组成部分内、外形状及其相对位置的特征方向作为主视图的投射方向（图 8-3）。

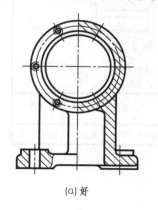
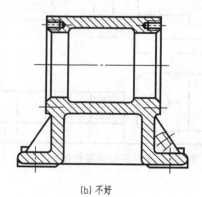
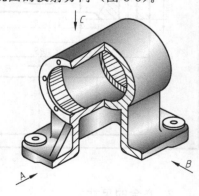

(a) 好　　　　　　　　　　(b) 不好

图 8-3　箱体主视图的投影方向

② 应尽可能反映零件的工作或安装位置（图 8-4、图 8-5）。

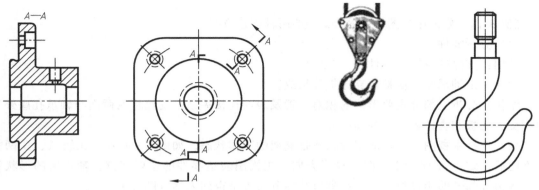

图 8-4 端盖的主视图   图 8-5 吊钩的工作位置

③ 应尽可能反映零件的加工位置（图 8-6）。

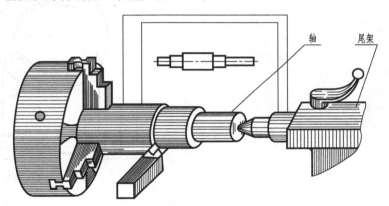

图 8-6 传动轴在车床上的加工位置

④ 便于画图的位置。对于某些工作位置倾斜的零件或运动零件，为了方便画图，可以选择主题方正的位置，作为主视图的位置。

2. 其他视图的选择原则

其他视图的选择根据零件的复杂程度而定，所有视图都能够表达出其重点内容，灵活运用，但是在满足正确、完整、清晰地表达零件的前提下，视图的数量要尽可能少，尽可能简单。

根据主视图，再选择俯视图和左视图，图 8-7 是一个基座形状图样，底板使用俯视图反映其实形，上部的圆筒用主视图反映实形，槽型支撑板使用左视图表达，在左视图上选用 *A—A* 剖视，表达孔、槽等穿通情况。选用 *B—B* 剖视图和一个移出断面图来表达支撑板和肋板的切面。使用 *C* 向局部视图表达顶部凸台结构。

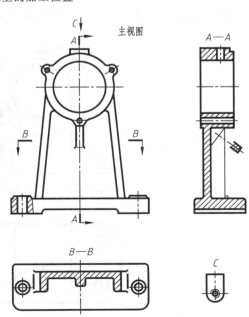

图 8-7 剖视图

二、零件表达方案选择举例

【例 8-1】 分析比较图 8-8 所示支架的两种表达方案。

（1）分析零件

功用：支撑轴及轴上零件。

形体：由轴承座、底板、支撑板等组成。

结构：分析三部分主要形体的相对位置及表面连接关系，支撑板两侧面与轴承孔座外表面相交，底板和支撑板上下叠加而成。

（2）选择主视图 零件的安放状态是支架的工作状态。如图 8-8 所示，比较 A、B 两投射方向后，定为 A 向为主视图的投影方向，主视图表达零件的主要部分：轴承座的形状特征，各组成部分的相对位置，三个螺钉孔的分布等都得到表达（图 8-9）。

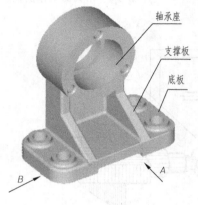

图 8-8 结构图

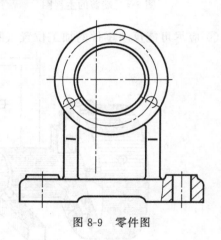

图 8-9 零件图

（3）选择其他视图

视图方案一（图 8-10）：选全剖的左视图，表达轴承座的内部结构、两侧支撑板形状、

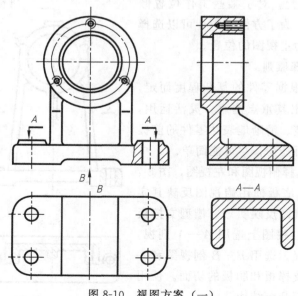

图 8-10 视图方案（一）

螺孔深度等，选择 B 向视图表达底板的形状，选择移出断面图表达支撑板断面的形状。

视图方案二（图 8-11）：选全剖的左视图，表达轴承座的内部结构、两侧支撑板形状、螺孔深度等。俯视图选用 B—B 剖视表达底板与支撑板断面的形状。

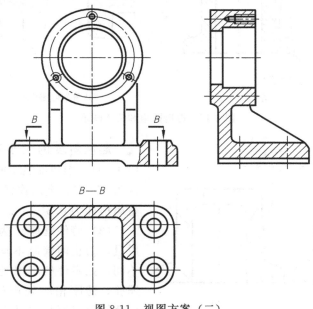

图 8-11　视图方案（二）

分析、比较两个方案，方案二用较少的视图正确、完整、清晰地表达了支架的结构形状，所以选第二个方案较好。

主题三　零件图的工艺结构和尺寸标注

零件的结构与形状，不仅要满足使用功能要求，还要具备合理的工艺结构。下面就对零件上常见的工艺结构作讲解。

一、零件的工艺结构

零件上的常见结构，多数是通过铸造、锻造和机械加工获得的，即工艺结构。零件的结构形状更要考虑到合理的工艺结构。

1. 零件上铸造工艺结构

（1）铸造圆角　为了方便铸件造型，防止从砂型中起模时砂型转角处落砂及浇注时将转角处冲毁，避免铸件转角的地方产生缩孔、裂缝等缺陷。如图 8-12（b）所示，铸件相邻表面的相交处做成圆角，当两相交表面之一经过切削加工，则应画尖角。

如图 8-12（a）所示，铸造圆角半径一般取壁厚的 0.2～0.4 倍。同一铸件的圆角半径大小应尽量相同或接近。铸件经机械加工的表面，其毛坯上的圆角被切削掉，转角处呈尖角或加工出倒角。

（2）起模斜度　如图 8-13 所示，造型时，便于将木模从砂型中取出，在铸件的内外壁上沿起模方向常设计出一定的斜度，即起模斜度，也称为铸造斜度。

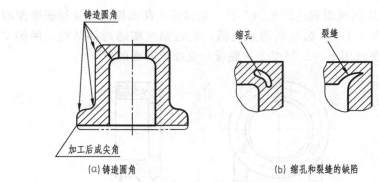

图 8-12　铸造圆角和铸造缺陷

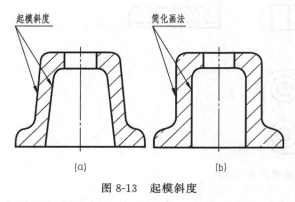

图 8-13　起模斜度

起模斜度的大小通常为（1：10）～（1：20），用角度表示时，手工造型的木模样为 1°～3°，金属模样为 1°～2°，机构造型金属模样为 0.5°～1°。

（3）铸件壁厚　为了保证铸件的铸造质量，防止因壁厚不均匀冷却或结晶速度不同，在零件的肥厚处产生组织疏松以致缩孔，薄厚相间处产生裂纹等铸造缺陷，应使铸件壁厚均匀或逐渐变化。壁厚变化不宜相差过大，因此在两壁相交处设置过渡斜度（图 8-14）。

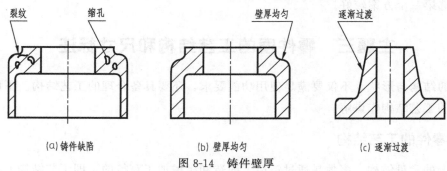

图 8-14　铸件壁厚

2. 零件上的机械加工工艺结构

（1）倒角和倒圆　零件在机械加工时要去掉切削零件产生的毛刺和锐边，使加工和装配零件时操作安全，常在轴或孔的端部加工圆台面，即倒角。倒角多为 45°，也可以是 30°或 60°。为避免在零件的台肩等转折处由于应力集中而产生裂纹，台肩处常加工圆角即倒圆，如图 8-15 所示。

（2）退刀槽和越程槽　为了在加工时便于退刀，且在装配时与相邻零件保证靠紧，在台肩处应加工出退刀槽和砂轮越程槽。常用的有螺纹退刀槽、插齿空刀槽、砂轮越程槽等，如图 8-16 所示。

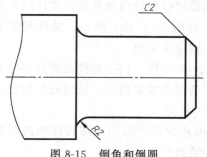

图 8-15　倒角和倒圆

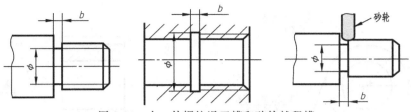

图 8-16 内、外螺纹退刀槽和砂轮越程槽

（3）钻孔处结构 如图 8-17 所示，在钻孔的时候，为了保证钻孔位置准确性和防止钻头折断，同时还要给钻削工具提供最方便的工作空间，要考虑到钻孔处的细节结构。如果钻孔的表面是斜面或者曲面，应在钻孔方向设置垂直的平面凸台或者凹坑，设置的位置要避免钻头的偏斜或者折断。

图 8-17 钻孔正确结构

（4）凸台和凹坑 如图 8-18 所示，在设计铸件结构中，在两零件的接触表面设置凸台和凹坑，或凹槽和凹腔。这些工艺结构是为了在装配时使零件间的接触良好，受力均匀。

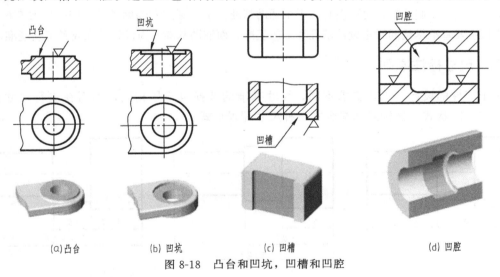

(a)凸台　　　　(b) 凹坑　　　　(c) 凹槽　　　　(d) 凹腔

图 8-18 凸台和凹坑，凹槽和凹腔

二、尺寸基准的选择

零件图中的尺寸是零件加工、检验的重要依据。在标注零件尺寸时必须做到正确、完整、清晰、合理。

零件的尺寸基准是指零件在设计、加工、测量、装配时，用来确定尺寸其位置的面、线或点。根据基准的作用，可分为设计基准和工艺基准。根据基准的主次可分为主要基准和辅助基准（图 8-19）。

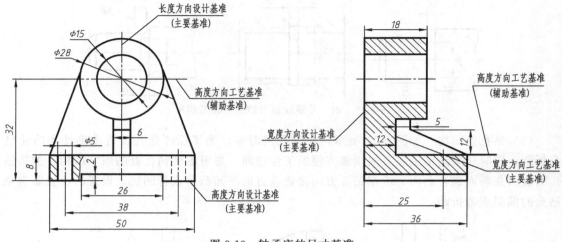

图 8-19 轴承座的尺寸基准

1. 设计基准和工艺基准

根据零件的结构和设计要求而选定的面或线称为设计基准。根据零件在加工、测量、安装时的要求而选定的面或线称为工艺基准。为了满足设计要求，便于加工和检测，设计基准和工艺基准尽可能重合。

2. 主要基准和辅助基准

一般情况下，任何零件在长、宽、高三个方向的尺寸至少都要有一个基准，这三个基准就是主要基准。在加工制造时，也可以有若干个辅助基准。主要基准和辅助基准之间一定要有尺寸联系，并且主要基准尽量同时是设计基准和工艺基准，而辅助基准可为设计基准或者工艺基准。

三、尺寸标注原则

由于零件的设计、工艺要求不同，尺寸基准的选择也不尽相同，因而在进行尺寸标注时，会产生链状式、坐标式和综合式三种尺寸配置形式。

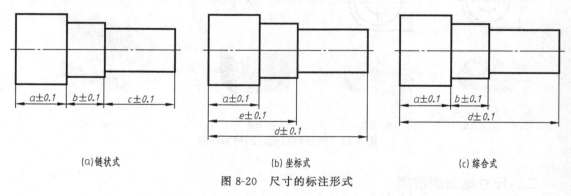

图 8-20 尺寸的标注形式

链状式：零件同一方向的几个尺寸依次首尾相接，后一尺寸以邻接前一尺寸的终点为起点，这种标注形式称为链状式尺寸标注，如图 8-20（a）所示。链状式标注的特点是：前一段尺寸的加工误差不影响后一段的尺寸精度，总尺寸的误差是各段尺寸误差之和。

坐标式：零件同一方向的几个尺寸从同一基准开始进行标注的形式称为坐标式尺寸标注，如图 8-20（b）所示。这种标注形式的特点是：任一尺寸的加工误差不影响其他尺寸的加工精度，相邻端面之间的尺寸误差取决于与此两端面有关的两个尺寸的误差。

综合式：零件同一方向的多个尺寸，既有链状式又有坐标式，这种尺寸标注形式称为综合式尺寸标注，如图 8-20（c）所示。综合式标注的特点是：各尺寸的加工误差都累加到空出不标注的尺寸上。

要合理地标注尺寸，应注意以下几项。

1. 零件的重要尺寸应直接标出

零件上但凡是影响产品性能、精度、互换性的重要尺寸，都是功能尺寸。例如规格性能尺寸、安装尺寸等，这些尺寸都必须在零件图上直接标注出来。零件的重要尺寸应从设计基准出发直接标注，例如有配合关系表面的尺寸、零件中各结构间的重要相对位置尺寸及零件的安装位置尺寸等，如图 8-21 所示。

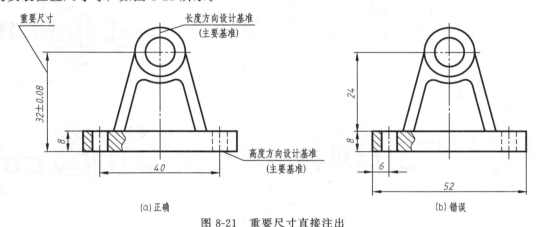

图 8-21　重要尺寸直接注出

2. 不要注成封闭尺寸链

零件图上同一方向的尺寸全按链状式标注方式标出，另外还注出总体尺寸，即构成"封闭尺寸链"。如图 8-22（a）所示，标注了尺寸 A、B、C，又标注了总长 L，这样的尺寸标注形式使首尾相接形成了封闭尺寸链。

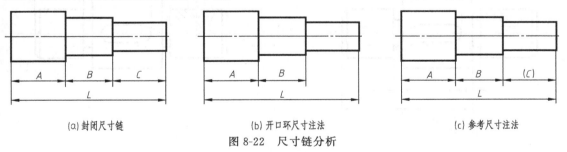

图 8-22　尺寸链分析

3. 标注尺寸要考虑加工顺序

按加工顺序标注尺寸符合加工过程，方便工人读图和加工测量，易于保证工艺要求。表 8-1 是根据蜗轮轴的加工顺序进行尺寸标注。

4. 按不同的加工方法标注尺寸

在标注尺寸时，不同加工方法的相关尺寸、内部与外部尺寸应分类集中标注。如图 8-23（a）所示，车削加工尺寸标注在下方，铣钻加工尺寸标注在上方，这样配置尺寸清晰易找，方便读图和加工。

表 8-1 蜗轮轴的加工顺序

序号	说明	图例	序号	说明	图例
1	取 φ32mm 圆钢，落料，车长 154mm，打中心孔	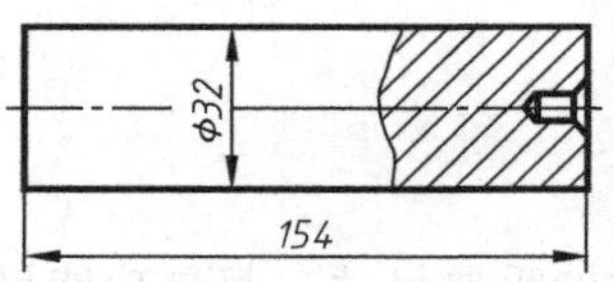	4	精车左端 φ15mm 和 φ22mm，轴向尺寸分别为 25mm、10mm、5mm	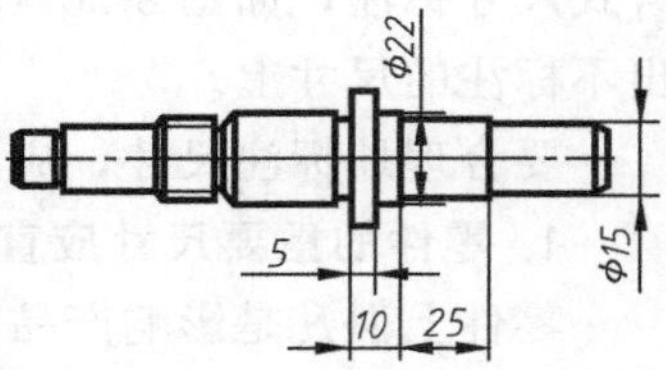
2	粗车右端 φ24mm，长 90mm，左端 φ24mm，长 55mm	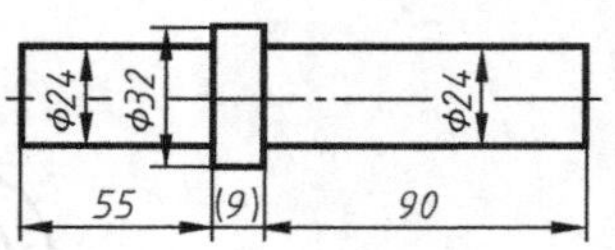	5	铣键槽	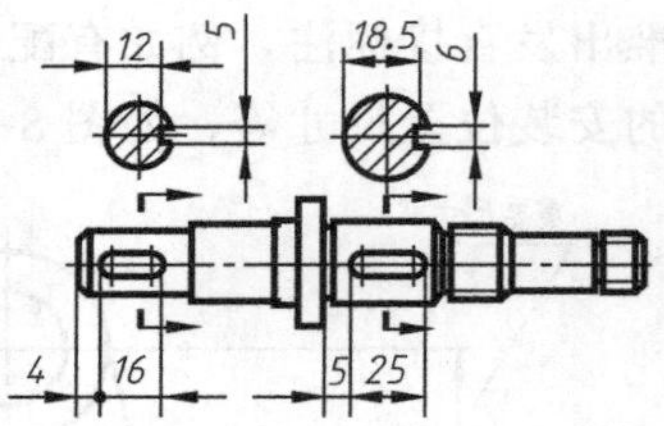
3	调质，精车右端 φ15mm、φ22mm、φ17mm 和 φ30mm，切割退刀槽，倒角，加工螺纹 M20×1.5，保证长度 80+12=92mm	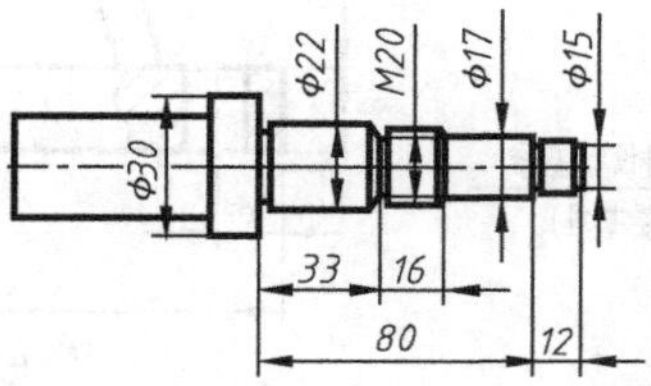	6	磨外圆达到公差要求	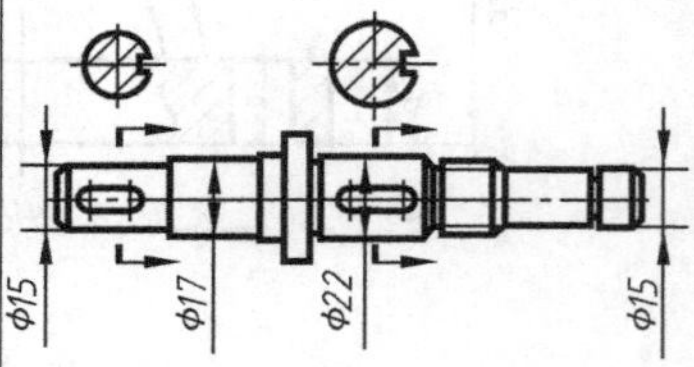

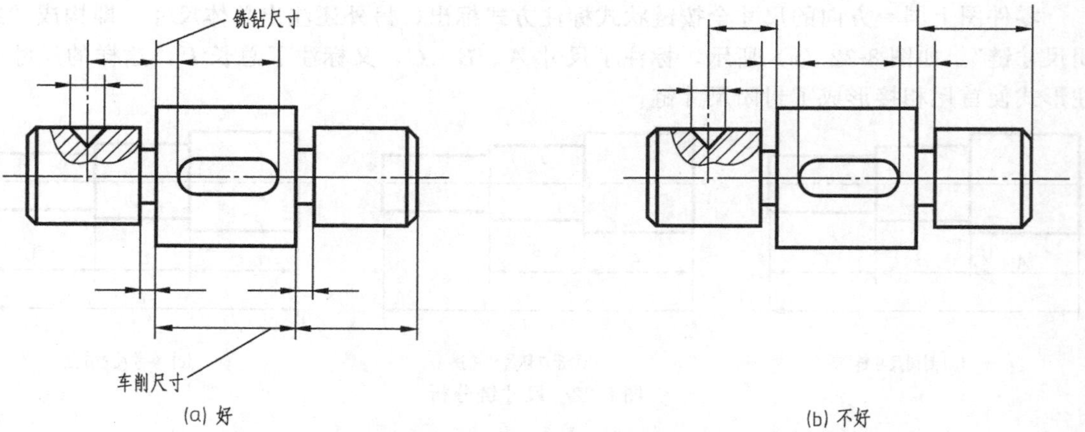

(a) 好　　(b) 不好

图 8-23 不同加工方法的尺寸标注

5. 加工面与不加工面只能有一个尺寸联系

零件在同一方向上的加工面与不加工面之间，最好只有一个直接尺寸联系，其他不加工面只能与另外不加工面有尺寸联系。如图 8-24 所示，*A*、*B* 为加工面，其余为非加工面。

6. 标注尺寸应方便加工测量

在轴套类零件上通常要加工退刀槽或者砂轮越程槽，加工时一般会先进行外圆加工，外

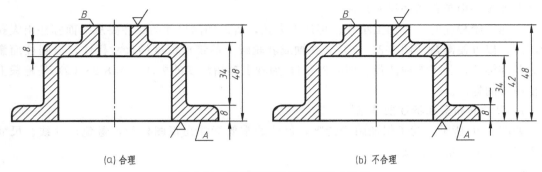

(a) 合理　　　　　　　　　　　　　(b) 不合理

图 8-24　加工面和不加工面尺寸标注

圆加工至退刀槽或者砂轮越程槽相邻两侧较小的外圆直径尺寸，然后用切槽刀切出退刀槽，这里的尺寸标注要便于测量，并且在标注尺寸的时候要单独标注，需要图 8-25（a）的标注方式。在零件上经常使用的结构要素尺寸的标注已经有了标准的格式，图 8-25（c）退刀槽的标注是 2mm×ϕ10mm，2mm 是退刀槽的槽宽，ϕ10mm 是退刀槽的槽直径，图 8-25（d）退刀槽的标注是 2mm×1mm，2mm 是退刀槽的槽宽，1mm 是退刀槽的槽深，图 8-25（e）

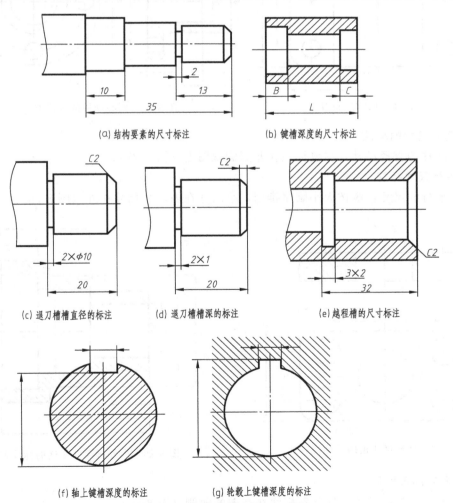

(a) 结构要素的尺寸标注　　　　　(b) 键槽深度的尺寸标注

(c) 退刀槽槽直径的标注　　(d) 退刀槽槽深的标注　　(e) 越程槽的尺寸标注

(f) 轴上键槽深度的标注　　　　　(g) 轮毂上键槽深度的标注

图 8-25　尺寸要便于加工测量

是轴套类零件中越程槽的尺寸标注。

在加工阶梯孔时，先加工小孔，再加工大孔，所以轴向尺寸的标注要从端面标注出大孔的深度，以方便测量 [图 8-25（b）]。在轴或者轮毂上的键槽深度的尺寸标注，以圆柱面素线为基准标注，为了方便测量。图 8-25（f）为轴上键槽深度的标注，图 8-25（g）是轮毂上键槽深度的标注。

7. 尺寸的布置和标注要清晰

如图 8-26 所示，为了保证图样清晰，尺寸通常要标注在视图外面，避免尺寸线、尺寸数字与视图的轮廓线相交。

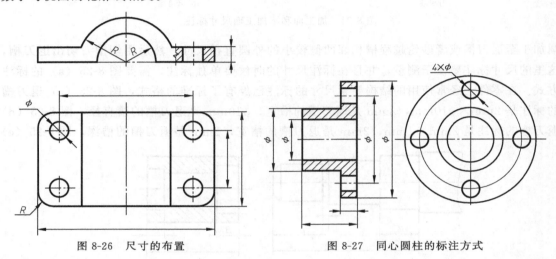

图 8-26　尺寸的布置　　　　　　　　　图 8-27　同心圆柱的标注方式

8. 直径尺寸的标注

同心圆柱的直径尺寸，尽量标注在非圆的视图上（图 8-27）。

9. 平行尺寸标注

相互平行的尺寸，应按大小顺序排列，小尺寸在内，大尺寸在外（图 8-28）。

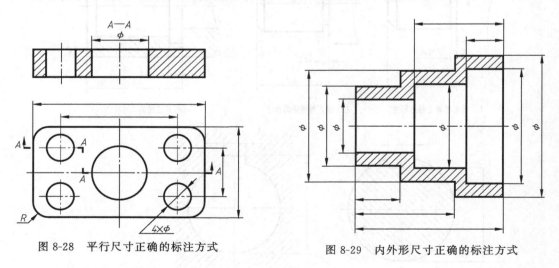

图 8-28　平行尺寸正确的标注方式　　　　图 8-29　内外形尺寸正确的标注方式

10. 内外形尺寸标注

内形尺寸与外形尺寸最好分别标注在视图的两侧（图 8-29）。

11. 标注的协调性

相关联的零件间尺寸务必协调标注（图8-30）。

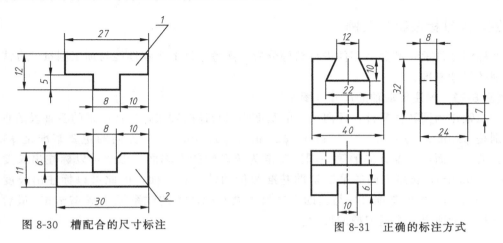

图 8-30　槽配合的尺寸标注

图 8-31　正确的标注方式

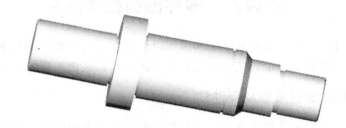

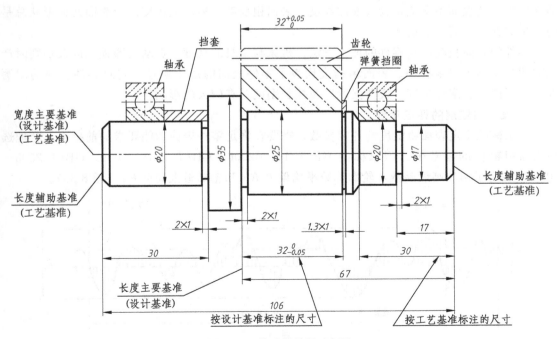

图 8-32　传动轴的尺寸标注

12. 线性尺寸的标注

零件图中标注的线性尺寸的尺寸线与所标注的线段要平行（图 8-31）。

四、尺寸标注综合实例

在标注零件前，需要对零件进行结构分析，熟悉零件的工作性能与加工测量的方法，选择合理的尺寸基准。

【例 8-2】 标注传动轴的尺寸（图 8-32）。

传动轴作为回转体零件，径向尺寸的基准为回转体的轴线，标注出来的各轴段的直径尺寸分别是 $\phi20mm$、$\phi35mm$、$\phi25mm$、$\phi20mm$、$\phi17mm$。长度方向的主要基准是 $\phi35mm$ 圆柱面的右端面，长度方向的第一辅助基准为传动轴的左端面，由此可以标注出长度尺寸 30mm、106mm，长度方向的第二辅助基准为传动轴的右端面，由此可以标注出长度尺寸 17mm、30mm，主要基准尺寸与辅助基准尺寸之间标注出的联系尺寸是 67mm。最后根据形体分析，标注出 4 个退刀槽的尺寸。

主题四 零件图的技术要求

零件图上的技术要求，是指除图形和尺寸以外，加入的一些必备的零件加工要求，比如表面粗糙度、尺寸公差、形位公差、金属材料的热处理和表面处理等。

一、表面粗糙度的概念及其注法

表面粗糙度、表面波纹度以及表面几何形状的总称是表面结构。把加工表面上具有较小间距以及由峰谷所构成的微观几何形状特征称为表面粗糙度。在工件表面所形成的间距比粗糙度大得多的表面不平度称为表面波纹度。表面粗糙度、表面波纹度以及表面几何形状总是同时生成并存在同一表面上。

零件的表面粗糙度与零件的加工方法、机床与工具的精度、振动与磨损，以及切削时产生的塑性变形等因素有关。表面粗糙度代表了零件表面的加工质量。它对零件表面的耐磨性、耐腐蚀性、配合精度、疲劳强度以及接触刚度等有较大的影响。

1. 表面粗糙度的评定参数

国家标准规定表面粗糙度的评定参数，需要在满足零件表面功能要求的前提下，合理选择表面粗糙度的参数值。国家标准 GB/T 131—2006、GB/T 1031—2009、GB/T 3505—2000 中规定了两项高度参数，轮廓算数平均偏差 Ra 和轮廓最大高度 Rz（图 8-33）。

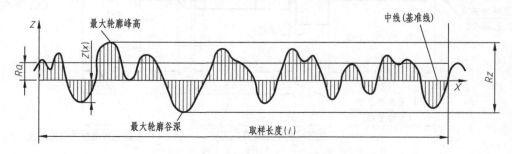

图 8-33 轮廓算数平均偏差 Ra 和轮廓最大高度 Rz

（1）轮廓算数平均偏差 Ra　Ra 是指在零件表面的一段取样长度内，纵坐标值 z（x）绝对值的算术平均值。

（2）轮廓最大高度 Rz　Rz 是指在取样高度内最大轮廓峰高和最大轮廓谷深之和的高度。

2. 表面粗糙度符号

图 8-34 是表面粗糙度符号的画法、要求及书写位置。

其含义如下。

位置 a：注写表面结构的单一要求。

位置 a 和 b：注写两个或多个表面结构要求。

位置 c：注写加工方法、表面处理、涂层等工艺要求。

位置 d：注写要求的表面纹理方向。

位置 e：注写加工余量，加工余量以 mm 为单位。

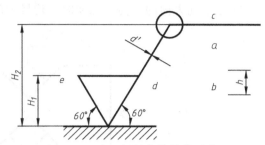

图 8-34　表面粗糙度符号的画法、要求及书写位置

绘制表面粗糙度符号中相关尺寸见表 8-2。

表 8-2　图形符号和附加标注的尺寸　　　　　　　　　　　　　　　mm

数字和字母高度 h	2.5	3.5	5	7	10	14	20
符号线宽 d'	0.25	0.35	0.5	0.7	1	1.4	2
字母线宽							
高度 H_1	3.5	5	7	10	14	20	28
高度 H_2	7.5	10.5	15	21	30	42	60

3. 表面粗糙度在图样上的标注方法

表面粗糙度在图样上的标注方法如图 8-35 所示。

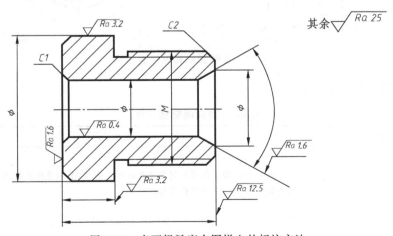

图 8-35　表面粗糙度在图样上的标注方法

在图样中表面粗糙度的标注要求：

① 每个表面粗糙度只能标注一次，并标注在相关的尺寸或公差的同一视图上，而且所

标注的数值是最后完工的表面要求。

② 表面粗糙度注写和读取的方向与尺寸的注写和读取方向一致。可标注在轮廓线、尺寸界线、引出线或它们的延长线上，其符号应该从材料外指向接触表面。

③ 当零件大部分表面具有相同的粗糙度要求时，对其中使用最多的一种符号，可统一标注在图样的右上角，并加注"其余"两字。

④ 标注给定的尺寸线上时，不能引起误会。

⑤ 在不同方向的表面上标注时，代号中的数字及符号的方向必须按图 8-36 规定标注。

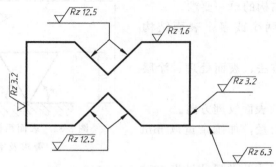

图 8-36　不同方向的表面上的标注

⑥ 形位公差框格的上方可标注表面结构的要求。

⑦ 圆柱、棱形表面的要求只能标注一次，如果棱柱的每个表面有不同的要求，应该分别单独标注（图 8-37）。

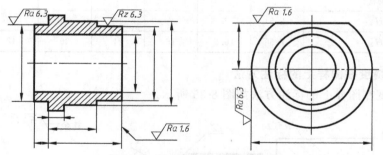

图 8-37　棱形表面和圆柱的标注

表面粗糙度符号见表 8-3。

表 8-3　表面粗糙度符号

符号	意义及说明
$\sqrt{}$	基本符号,表示可用任何方法获得的表面,当不加注粗糙度参数值或有关说明的时候,仅适用于简化代号标注
$\sqrt{}$	表示用去除材料的方法获得的表面,例如:车、铣、磨、剪切、抛光、电火花加工、气割等

续表

符号	意义及说明
	表示用不去除材料的方法获得的表面,例如:铸、锻、冲床变形、热轧、粉末冶金等,或者用于保持原供应状况的表面
	横线上用于标注有关参数和说明
	表示所有表面具有相同的表面粗糙度要求

注写 Ra 时，只写数值；注写 Rz 时，应同时注出 Rz 和数值。只注一个值时，表示为上限值；注两个值时，表示为上限值和下限值，示例见表 8-4。

表 8-4 表面粗糙度标注示例

代号	意 义	代号	意 义
$Ra\ 3.2$	用任何方法获得的表面,R轮廓算术平均偏差为 $3.2\mu m$	$Ra\ 3.2$	用不去除材料的方法获得的表面,R轮廓算术平均偏差为 $3.2\mu m$
$Ra\ 3.2$	用去除材料的方法获得的表面,R轮廓算术平均偏差为 $3.2\mu m$	$Rz_{max}\ 3.2$	用去除材料的方法获得的表面,R轮廓的最大高度的最大值为 $3.2\mu m$

4. 表面粗糙度的选用

选用表面粗糙度要满足功用要求，又要考虑经济合理性，选用方法见表 8-5。

表 8-5 Ra 与应用

$Ra/\mu m$	表面特征	主要加工方法	应用举例
50、100	明显可见刀痕	粗车、粗铣、粗刨、钻、粗纹锉刀和粗砂轮加工	粗糙度最低的加工面,一般很少使用
25	可见刀痕		
12.5	微见刀痕	粗车、刨、立铣、平铣、钻	不接触表面、不重要的接触面,如螺钉、倒角机座底面等
6.3	可见加工痕迹	精车、精铣、精刨、铰、镗、粗磨等	没有相对运动的零件接触面,如箱盖、套筒要求紧贴的表面,键和键槽工作表面;相对运动速度不同的接触面,如支架孔、衬套的工作表面等
3.2	微见加工痕迹		
1.6	看不见加工痕迹		
0.8	可辨加工痕迹方向	精车、精铰、精拉、精镗、精磨等	要求很好密合的接触面,如与滚动轴承配合的表面、锥销孔等;相对运动速度较高的接触面,如滑动轴承的配合表面、齿轮轮齿的工作表面等
0.4	微辨加工痕迹方向		

二、极限与配合

在一批相同规格的零（部）件中任取一件，不经修配或其他加工，就能顺利装配，并且能满足使用要求，这种性质称为互换性。在现代化的工业生产中，要求机器的零（部）件具有互换性，为了使零件具有互换性，就必须保证零件的尺寸、表面粗糙度、几何形状等技术要求的一致性。

1. 尺寸公差

尺寸公差的有关术语如图 8-38 所示。

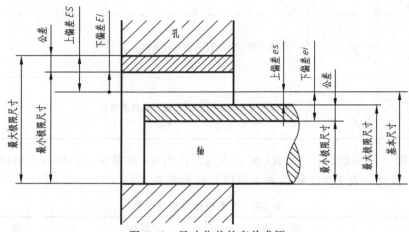

图 8-38　尺寸公差的有关术语

（1）基本尺寸　根据零件强度、工艺性要求所设计的尺寸。

（2）实际尺寸　零件制成后实际测量的尺寸。

（3）极限尺寸　允许零件实际尺寸变化的两个界限值。

① 最大极限尺寸　允许实际尺寸的最大值。

② 最小极限尺寸　允许实际尺寸的最小值。

（4）尺寸偏差　某一尺寸（实际尺寸、极限尺寸）与基本尺寸的差值（可正可负）。

上偏差＝最大极限尺寸－基本尺寸

代号：孔是 ES，轴是 es。

下偏差＝最小极限尺寸－基本尺寸

代号：孔是 EI，轴是 ei。

（5）尺寸公差　零件所允许的误差范围，数值为正值。

公差＝最大极限尺寸－最小极限尺寸＝上偏差－下偏差

（6）公差带　在公差带图中有代表上、下偏差的两条直线所限定的区域（图 8-39）。

（7）零线　在公差带图中确定偏差的一条基准直线即零偏差直线，表示基本尺寸（图 8-39）。

图 8-39 能得到的数值如下。

轴的直径：ϕ40mm±0.008mm；

轴的基本尺寸：40mm；

最大极限尺寸：40.008mm；

最小极限尺寸：39.992mm；

上偏差：es＝最大极限尺寸－基本尺寸＝40.008－40＝0.008mm；

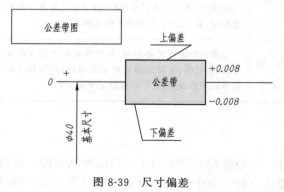

图 8-39　尺寸偏差

下偏差：ei＝最小极限尺寸－基本尺寸＝39.992－40＝－0.008mm；

公差：公差＝最大极限尺寸－最小极限尺寸＝40.008－39.992＝0.016mm；

或 公差＝上偏差－下偏差＝0.008－（－0.008）＝0.016mm。

2. 配合

基本尺寸相同，相互结合的孔和轴公差带之间的关系即为配合。根据使用要求的不同，孔和轴之间的配合有松有紧，孔和轴配合分为三类：间隙配合、过盈配合、过渡配合。

（1）间隙配合　孔与轴装配时有间隙的配合称为间隙配合，如图 8-40 所示。孔的公差带完全在轴德尔公差带的上方，任取其中一对孔和轴相配合都能成为具有间隙的配合。

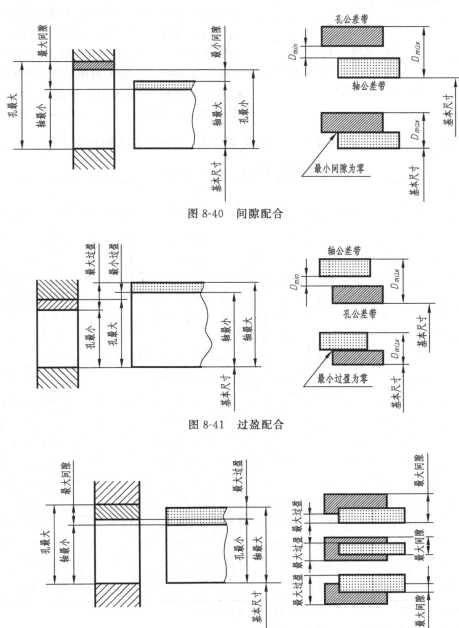

图 8-40　间隙配合

图 8-41　过盈配合

图 8-42　过渡配合

（2）过盈配合　孔的实际尺寸总比轴的实际尺寸小，这样的配合称为过盈配合，如图 8-41 所示。孔的公差带完全在轴的公差带下方，任取其中一对孔和轴相配合都能成为具有过盈的配合。

（3）过渡配合　孔和轴装配时，可能是间隙配合，也可能是过盈配合，这种配合称为过渡配合，如图 8-42 所示。孔和轴的公差带相互交叠，任取其中一对孔和轴相配合，可能具有间隙，也可能具有过盈的配合。

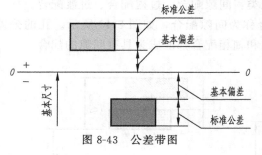

图 8-43　公差带图

3. 标准公差和基本偏差

如图 8-43 所示，国家标准规定孔、轴公差带由标准公差和基本偏差两个要素组成。

（1）标准公差　用标准规定的任一公差称为标准公差，标准公差的数值由公称尺寸和公差等级来确定，公差等级确定尺寸的精确程度。标准公差代号由 IT 和数字组成，标准公差分为 20 个等级，IT01、IT0、IT1～IT18，公差的数值越大精度越低，IT01 精度最大，IT18 精度最低，标准公差等级见表 8-6。

表 8-6　标准公差数值（GB/T 1800.1—2009）

公称尺寸 /mm		公差等级																	
		IT1	IT2	IT3	IT4	IT5	IT6	IT7	IT8	IT9	IT10	IT11	IT12	IT13	IT14	IT15	IT16	IT17	IT18
大于	至	μm											mm						
—	3	0.8	1.2	2	3	4	6	10	14	25	40	60	0.1	0.14	0.25	0.4	0.6	1	1.4
3	6	1	1.5	2.5	4	5	8	12	18	30	48	75	0.12	0.18	0.3	0.48	0.75	1.2	1.8
6	10	1	1.5	2.5	4	6	9	15	22	36	58	90	0.15	0.22	0.36	0.58	0.9	1.5	2.2
10	18	1.2	2	3	5	8	11	18	27	43	70	110	0.18	0.27	0.43	0.7	1.1	1.8	2.7
18	30	1.5	2.5	4	6	9	13	21	33	52	84	130	0.21	0.33	0.52	0.84	1.3	2.1	3.3
30	50	1.5	2.5	4	7	11	16	25	39	62	100	160	0.25	0.39	0.62	1	1.6	2.5	3.9
50	80	2	3	5	8	13	19	30	46	74	120	190	0.3	0.46	0.74	1.2	1.9	3	4.6
80	120	2.5	4	6	10	15	22	35	54	87	140	220	0.35	0.54	0.87	1.4	2.2	3.5	5.4
120	180	3.5	5	8	12	18	25	40	63	100	160	250	0.4	0.63	1	1.6	2.5	4	6.3
180	250	4.5	7	10	14	20	29	46	72	115	185	290	0.46	0.72	1.15	1.85	2.9	4.6	7.2
250	315	6	8	12	16	23	32	52	81	130	210	320	0.52	0.81	1.3	2.1	3.2	5.2	8.1
315	400	7	9	13	18	25	36	57	89	140	230	360	0.57	0.89	1.4	2.3	3.6	5.7	8.9
400	500	8	10	15	20	27	40	63	97	155	250	400	0.63	0.97	1.55	2.5	4	6.3	9.7
500	630	9	11	16	22	32	44	70	110	175	280	440	0.7	1.1	1.75	2.8	4.4	7	11
630	800	10	13	18	25	36	50	80	125	200	320	500	0.8	1.25	2	3.2	5	8	12.5
800	1000	11	15	21	28	40	56	90	140	230	360	560	0.9	1.4	2.3	3.6	5.6	9	14
1000	1250	13	18	24	33	47	66	105	165	260	420	660	1.05	1.65	2.6	4.2	6.6	10.5	16.5
1250	1600	15	21	29	39	55	78	125	195	310	500	780	1.25	1.95	3.1	5	7.8	12.5	19.5
1600	2000	18	25	35	46	65	92	150	230	370	600	920	1.5	2.3	3.7	6	9.2	15	23
2000	2500	22	30	41	55	78	110	175	280	440	700	1100	1.75	2.8	4.4	7	11	17.5	28
2500	3150	26	36	50	68	96	135	210	330	540	860	1350	2.1	3.3	5.4	8.6	13.5	21	33

注：1. 公称尺寸大于 500mm 的 IT1～IT5 的标准公差数值为试行。

2. 公称尺寸小于或等于 1mm 时，无 IT14～IT8。

3. 标准公差等级 IT01 和 IT0 在工业中很少用到，所以此表中没有给出 IT01 和 IT0 的标准公差数值。

（2）基本偏差　在极限与配合制中，确定公差带相对零线位置的极限偏差称为基本偏差。它可以是上偏差或者下偏差，一般是靠近零线的那个偏差。零线上方的公差带，基本偏差是下极限偏差；零线下方的公差带，基本偏差是上极限偏差。如图 8-44 所示，基本偏差用字母来表示，大写字母表示孔，小写字母表示轴。孔和轴各有 28 个基本偏差，其中 A～H（a～h）用于间隙配合，J～ZC（j～zc）用于过渡配合和过盈配合，A～H 是孔的下偏差，J～ZC 是孔的上偏差；a～h 是轴的上偏差，j～zc 是轴的下偏差；JS 和 js 没有基本偏差。确定了基本偏差和标准公差，就确定了孔和轴的公差带，进而配合的性质也得到了确定。根据尺寸公差的定义，孔和轴的基本偏差和标准公差的计算公式为：

上偏差＝下偏差＋公差

下偏差＝上偏差－公差

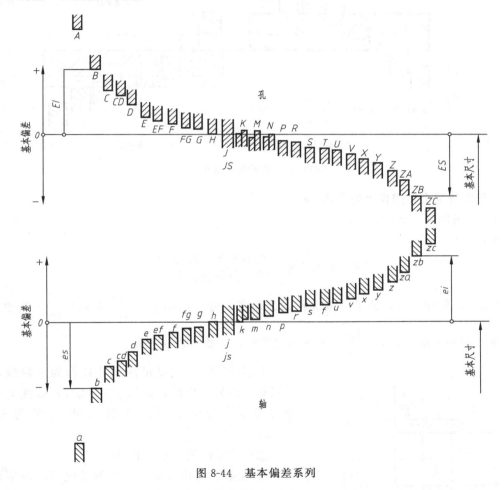

图 8-44　基本偏差系列

公差带代号的组成有基本偏差代号和标准公差等级代号。公差带的位置由基本偏差决定，公差带的大小由标准公差等级决定。

例如：孔的公差带 H8，H 表示孔的基本偏差代号，8 表示孔的标准公差等级代号。

轴的公差带 f7，f 表示轴的基本偏差代号，7 表示轴的标准公差等级代号。

4. 配合制

配合零件的制造需要其中一种零件作为基准件，基本偏差固定，可以改变另一非基准件的基本偏差而得到各种不同性质的配合制度即配合制。国家规定了两种配合制，即基孔制配合和基轴制配合。

（1）基孔制　基本偏差是一定的孔的公差带，与不同基本偏差的轴的公差带形成各种配合的一种制度，如图 8-45 所示。基孔制配合里的孔为基准孔，基本偏差代号为 H，下极限偏差为零，下极限尺寸为公称尺寸。

（2）基轴制　基本偏差是一定的轴的公差带，与不同基本偏差的孔的公差带形成各种配合的一种制度，如图 8-45 所示。基轴制里的轴是基准轴，基本偏差代号是 h，上极限偏差是零，上极限尺寸是公称尺寸。

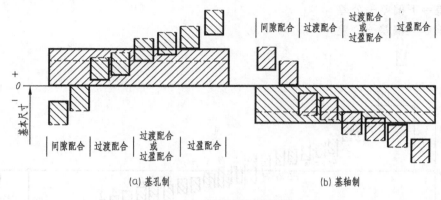

图 8-45　基轴制和基孔制

5. 公差与配合在图样上的标注

（1）在装配图上的标注

标注形式：

$$基本尺寸 \frac{孔的公差带代号}{轴的公差带代号}$$

采用基孔制配合时，分子是基准孔的公差带代号，比如 $\phi30\frac{H8}{f7}$ 和 $\phi40\frac{H7}{n6}$，其中 $\phi30\frac{H8}{f7}$ 是基孔制间隙配合，$\phi40\frac{H7}{n6}$ 是基孔制过渡配合，如图 8-46 所示。

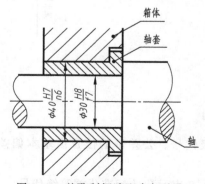

图 8-46　基孔制间隙配合与基孔制过渡配合

上述的标注形式是借用尺寸线作为分数线，也可用斜线作为分数线，例如 $\phi30H8/f7$；标注上下偏差 $\phi30^{+0.033}_{0}/\phi30^{-0.020}_{-0.041}$；借用尺寸线作为分数线 $\phi30^{+0.033}_{0}/^{-0.020}_{-0.041}$。

（2）在零件图中极限的标注

① 在基本尺寸后标注出公差带代号，即基本偏差代号和标准公差等级数字。这种标注配合精度明确，标注简单，但是数值不直观，用于量规检测的尺寸（图 8-47）。

② 常用的标注方法是标注出基本尺寸以及上偏差值和下偏差值。数值直观，使用万能量具检测方便，试制单件以及小批生产零件大多使用这种方法（图 8-48）。

③ 在基本尺寸后，标注出公差带代号以及上偏差值和下偏差值，偏差值要加上括号，既明确配合精度又有直观的公差数值，适用于生产规模不确定的情况（图 8-49）。

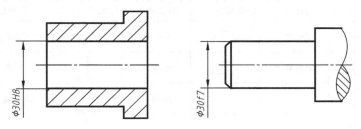

图 8-47 在基本尺寸后标注出公差带代号

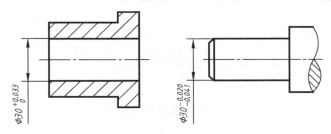

图 8-48 标注基本尺寸以及上、下偏差值

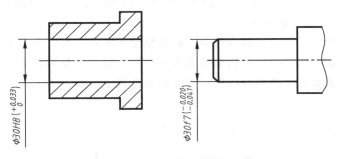

图 8-49 标注出公差带代号以及上、下偏差值

三、形位公差

1. 形位公差的基本概念

零件在加工后形成的各种误差是客观存在的，除在极限与配合中出现的尺寸误差外，还有形状误差和位置误差。零件上的实际几何要素的形状与理想形状之间的误差称为形状误差，零件上各几何要素之间的实际相对位置与理想相对位置之间的误差称为位置误差，形状误差与位置误差简称为形位误差，形位误差的允许变动量称为形位公差。

2. 形位公差的符号（表 8-7）

3. 形位公差在图样上的标注

（1）代号组成 如图 8-50 所示，代号由框格、形位公差符号、形位公差数值、基准、指引线组成。形位公差框格由两格或者多格组成，框格中的主要内容从左到右按以下顺序填写：公差特征项目符号；公差值以及相关的附加符号；基准符号以及有关的附加符号。框格的高度应是框格所书写字体高度的两倍。框格的宽度应是：第一格等于框格的高度；第二格

表 8-7 形位公差特征项目符号

形状公差		形状或位置公差		位置公差			
特征项目	特征项目符号	特征项目	特征项目符号	特征项目	特征项目符号	特征项目	特征项目符号
直线度	—	线轮廓度	⌒	平行度	∥	同轴(同心)度	◎
平面度	⏥	面轮廓度	⌓	垂直度	⊥	对称度	⌯
圆度	○			倾斜度	∠	圆跳动	↗
圆柱度	⌭			位置度	⌖	全跳动	⌰

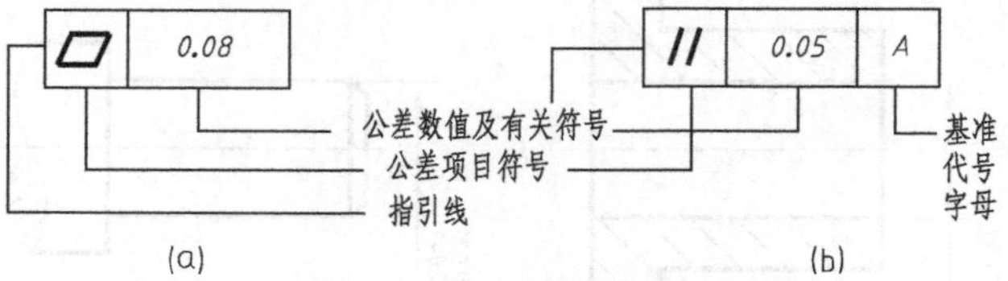

图 8-50 形位公差代号

应与标注内容的长度相适应；第三格以后各格须与有关字母的宽度相适应。

(2) 被测要素的标注　被测要素是指在图样上给出了被检测对象的形位公差要求的要素。

① 被测要素为轮廓要素的标注。

轮廓要素是指构成零件外形能直接为人们所感觉到的点、线、面等要素。标注时，指引线箭头置于被测要素的轮廓线上，指引线箭头置于被测要素的延长线上，必须与尺寸线明显地错开，指向实际表面时，箭头可以置于带点的参考线上（图 8-51）。

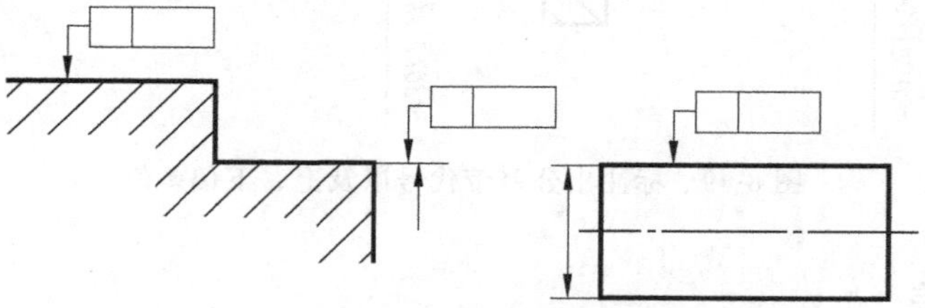

图 8-51 被测要素为轮廓要素的标注

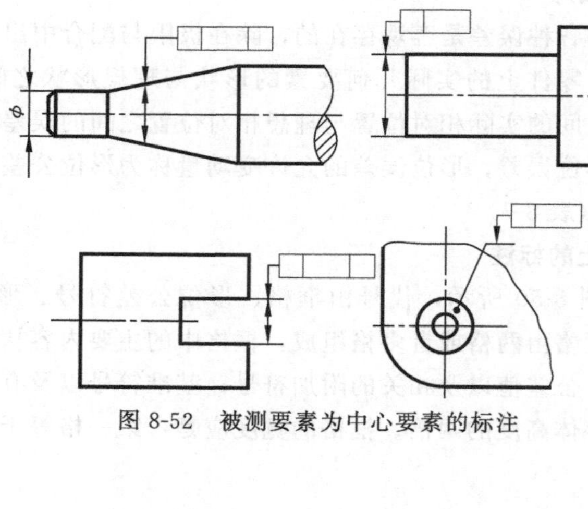

图 8-52 被测要素为中心要素的标注

② 被测要素为中心要素的标注。

中心要素是指由轮廓要素导出的一种要素，例如球心、轴线、对称中心线、对称中心面等（图 8-52）。

（3）基准要素的标注　用来确定被测要素方向或位置的要素称为基准要素，在图样上一般用基准符号标注出来。图 8-53 所示为标注带有基准要素几何公差时所用的基准符号，其基准字母注写在基准细实线方格内，与一个涂黑（或空心）的三角形相连。基准字母用大写字母表示，为了不引起误会，字母 E、I、J、M、O、P、L、R、F 不可以用作基准字母。

① 轮廓要素作为基准时的标注。

基准代号的连线不得与尺寸线对齐，要错开一定的距离。当受到视图的限制时，轮廓要素的基准代号也可以置于带点的参考线上（图 8-54）。

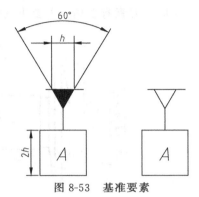

图 8-53　基准要素

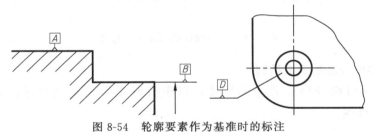

图 8-54　轮廓要素作为基准时的标注

② 中心要素作为基准时的标注。

基准代号的连线要与相应基准要素的尺寸线对齐。当受到标注空间限制，基准符号与尺寸线箭头重叠时，基准符号可以代替尺寸线箭头（图8-55）。

③ 任选基准的标注［图 8-56（a）］。

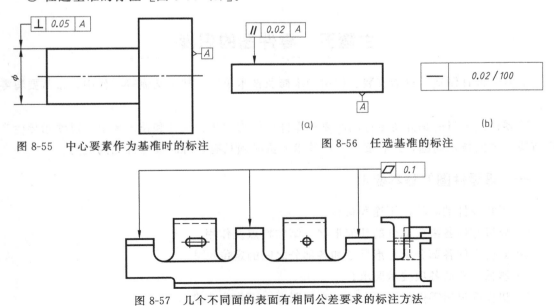

图 8-55　中心要素作为基准时的标注

图 8-56　任选基准的标注

图 8-57　几个不同面的表面有相同公差要求的标注方法

（4）其他的标注方法

① 局部限制的标注方法。

图 8-56 表示在该要素上任一局部长度 100mm 的直线误差值不得大于 0.02mm。

② 几个不同面的表面有相同公差要求的标注方法（图 8-57）。

③ 同一要素有多项公差要求的标注方法。

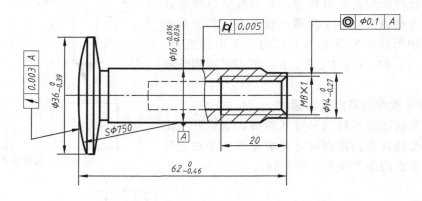

图 8-58　气门阀杆的形位公差标注

4. 图样上形位公差的识读举例

图 8-58 是气门阀杆形位公差的标注，图中有三个形位公差要求，基准要素 A 是 $\phi 16^{-0.016}_{-0.034}$ 的中心轴线。

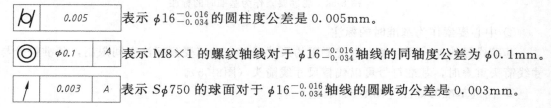

| | 0.005 | | 表示 $\phi 16^{-0.016}_{-0.034}$ 的圆柱度公差是 0.005mm。 |

| ◎ | $\phi 0.1$ | A | 表示 M8×1 的螺纹轴线对于 $\phi 16^{-0.016}_{-0.034}$ 轴线的同轴度公差为 $\phi 0.1$mm。 |

| ↗ | 0.003 | A | 表示 $S\phi 750$ 的球面对于 $\phi 16^{-0.016}_{-0.034}$ 轴线的圆跳动公差是 0.003mm。 |

主题五　零件图的识读

在零件设计制造、机器安装、使用和维修及技术革新、技术交流等工作中，常常要看零件图。

看零件图的目的是弄清零件图所表达零件的结构形状、尺寸和技术要求，以便指导生产和解决有关的技术问题，这就要求工程技术人员必须具有熟练阅读零件图的能力。

一、看零件图的基本要求

① 了解零件的名称、用途和材料。

② 分析零件各组成部分的几何形状、结构特点及作用。

③ 分析零件各部分的定形尺寸和各部分之间的定位尺寸。

④ 熟悉零件的各项技术要求。

⑤ 初步确定出零件的制造方法（在制图课中不作此要求）。

二、看零件图的方法和步骤

1. 概括了解

从标题栏内了解零件的名称、材料、比例等，并浏览视图，初步得出零件的用途和形体概貌。

2. 详细分析

（1）分析表达方案　分析视图布局，找出主视图、其他基本视图和辅助视图。根据剖视、断面的剖切方法、位置，分析剖视、断面的表达目的和作用。

（2）分析形体、想出零件的结构形状　先从主视图出发，联系其他视图进行分析。用形体分析法分析零件各部分的结构形状，难于看懂的结构，运用线面分析法分析，最后想出整个零件的结构形状。分析时若能结合零件结构功能来进行，会使分析更加容易。

（3）分析尺寸　先找出零件长、宽、高三个方向的尺寸基准，然后从基准出发找出主要尺寸。再用形体分析法找出各部分的定形尺寸和定位尺寸。在分析中要注意检查是否有多余和遗漏的尺寸，以及标注的尺寸是否符合设计和工艺要求。

（4）分析技术要求　分析零件的尺寸公差、形位公差、表面粗糙度和其他技术要求，弄清哪些尺寸要求高，哪些尺寸要求低，哪些表面要求高，哪些表面要求低，哪些表面不加工，以便进一步考虑相应的加工方法。

3. 归纳总结

综合前面的分析，把图形、尺寸和技术要求等全面系统地联系起来思索，并参阅相关资料，得出零件的整体结构、尺寸大小、技术要求及零件的作用等完整的概念。

必须指出，在看零件图的过程中，上述步骤不能把它们机械地分开，往往是参差进行的。另外，对于较复杂的零件图，往往要参考有关技术资料，如装配图、相关零件的零件图及说明书等，才能完全看懂。对于有些表达不够理想的零件图，需要反复仔细地分析，才能看懂。

三、看零件图举例

【例 8-3】 看齿轮轴零件图（图 8-59）。

1. 概括了解

从标题栏可知，该零件叫齿轮轴，齿轮轴是用来传递动力和运动的，其材料为 45 钢，属于轴类零件，最大直径 $\phi60\mathrm{mm}$，总长 228mm，属于较小的零件。

2. 详细分析

（1）分析表达方案和形体结构　表达方案由主视图和移出断面图组成，轮齿部分作了局部剖。主视图（结合尺寸）已将齿轮轴的主要结构表达清楚了，由几段不同直径的回转体组成，最大圆柱上制有轮齿，最右端圆柱上有一键槽，零件两端及轮齿两端有倒角，C、D 两端面处有砂轮越程槽。移出断面图用于表达键槽深度和进行有关标注。

（2）分析尺寸　齿轮轴中两个 $\phi35k6$ 轴段及 $\phi20r6$ 轴段用来安装滚动轴承及联轴器，径向尺寸的基准为齿轮轴的轴线。端面 C 用于安装挡油环及轴向定位，所以端面 C 为长度方向的主要基准，标注了尺寸 2mm、8mm、76mm 等。端面 D 为长度方向的第一辅助基准，标注了尺寸 2mm、28mm。齿轮轴的右端面为长度方向的另一辅助基准，注出了尺寸 4mm、53mm 等。键槽长度 45mm，齿轮宽度 60mm 等为轴向的重要尺寸，已直接注出。

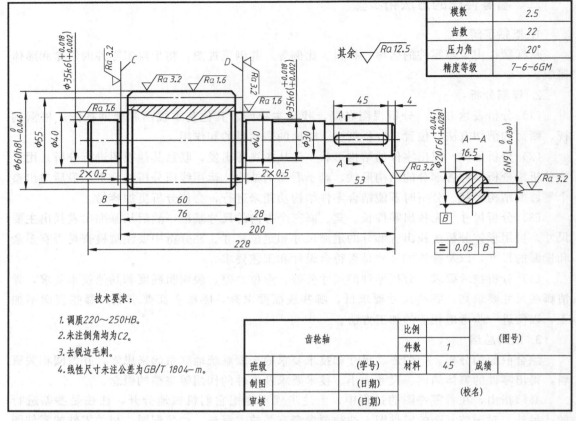

模数	2.5
齿数	22
压力角	20°
精度等级	7-6-6GM

技术要求：

1. 调质220～250HB。
2. 未注倒角均为C2。
3. 去锐边毛刺。
4. 线性尺寸未注公差为GB/T 1804-m。

齿轮轴		比例			(图号)
		件数	1		
班级		(学号)	材料	45	成绩
制图		(日期)		(校名)	
审核		(日期)			

图 8-59 齿轮轴零件图

（3）**分析技术要求** 两个 $\phi35$mm 及 $\phi20$mm 的轴颈处有配合要求，尺寸精度较高，均为 6 级公差，相应的表面粗糙度要求也较高，分别为 $Ra1.6\mu$m 和 $Ra3.2\mu$m。对键槽提出了对称度要求，对热处理、倒角、未注尺寸公差等提出了 4 项文字说明要求。

3. 归纳总结

通过上述看图分析，对齿轮轴的作用、结构形状、尺寸大小、主要加工方法及加工中的主要技术指标要求，就有了较清楚的认识。综合起来，即可得出齿轮轴的总体印象（图 8-60）。

图 8-60 齿轮轴轴测图

【例 8-4】 看蜗轮箱零件图（图 8-61）。

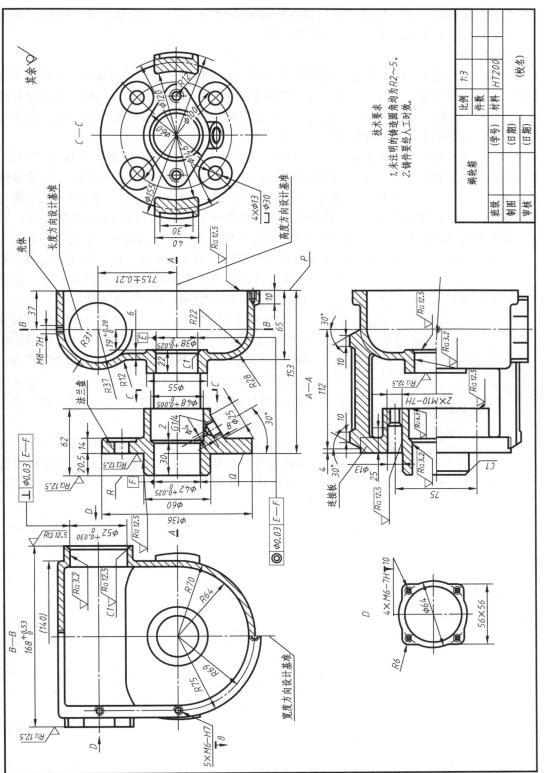

图 8-61　蜗轮箱零件图

1. 概括了解

零件的名称为蜗轮箱，从而可知它是蜗轮减速器的箱体，材料为灰铸铁。图形比例为 1∶3，可知该零件实物的线性尺寸为图形的 3 倍。

2. 详细分析

（1）分析表达方案和形体结构　该零件选了四个基本视图和一个局部视图。主视图采用了全剖，表达内部结构。俯视图及 $B—B$ 右视图采用半剖，既表达了内部结构，又表达了外部结构，$C—C$ 右视图采用全剖，主要表达了蜗轮箱左端结构的右视情况。D 向局部视图表达了蜗轮箱右上部的前、后视相同结构的情况。

蜗轮箱大体可分解成右端的箱体、左端的法兰盘和中部前后两块圆弧板状连接结构等。右端箱体部分，大致结构是一个壁厚均匀的箱体，上部为长方形结构，下部为半圆筒形结构，右端不封口，左端中部有一个圆筒。另外，上部前后各有一个凸台，其形状如 D 向局部视图所示，凸台中部有 $\phi52$mm 的蜗杆轴承孔，周围有 4 个 M6-7H 深 9mm 的螺纹孔。左端法兰如图中所示也能想象出它的结构形状。至于中部的连接板，其结构形状比较简单。

（2）分析尺寸　长度方向的主要基准是包含蜗杆轴线的 $B—B$ 侧平面；宽度方向的主要基准是通过蜗轮轴承孔轴线的前后对称平面；高度方向的主要基准是蜗轮轴承孔的轴线。

图 8-62　蜗轮箱轴测图

辅助基准包括长度方向的平面 P、Q 和 R，高度方向的蜗杆轴线等。蜗轮蜗杆中心距（71.5 ± 0.21）mm、蜗轮轴承孔右端面至基准面 $B—B$ 的距离 $19_0^{+0.28}$ mm、安装蜗轮轴承的轴承孔 $\phi38_0^{+0.025}$ mm、$\phi42_0^{+0.025}$ mm 以及安装蜗杆轴承的轴承孔 $\phi52_0^{+0.030}$ mm 都是重要尺寸。

3. 归纳总结

通过以上分析，把零件的结构形状、尺寸、技术要求等综合起来考虑，就能形成对该蜗轮箱的较全面的认识（图 8-62）。

项目九

零件的测绘

　　零部件的测绘是指对已有的机器、部件或零件进行分析、拆卸、测量，并绘制出装配图和零件图的全过程。如果只对某一个零件进行测绘则称为零件测绘。在机器生产中，设计新产品需要测绘同类产品作为参考。机器或设备检修时，通常是某个或相邻的几个零件损坏，常对其进行测绘，画出零件图作为加工图纸。因此，零部件测绘是工程技术人员必备的一项基本技能。

主题一　测量工具的使用

　　测量尺寸是测绘零件过程中的重要步骤，掌握常用的测量工具使用方法和技巧是零件测绘的重要保证，常用的测量工具如图 9-1 所示。

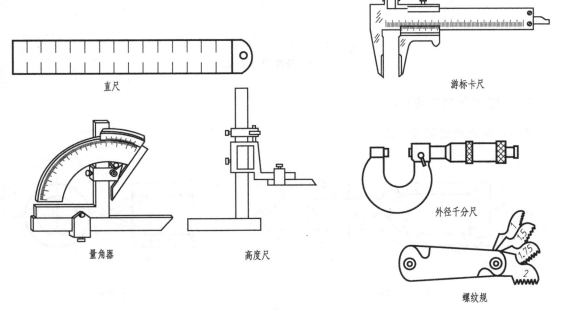

直尺　　游标卡尺　　量角器　　高度尺　　外径千分尺　　螺纹规

图 9-1

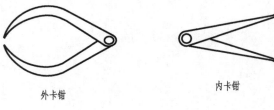

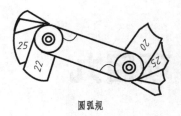

外卡钳   内卡钳   圆弧规

图 9-1　测量工具

一、长度尺寸的测量

如图 9-2 所示，长度方向尺寸可用直尺直接测量读出数值，如果要求精度较高时可用游标卡尺测量。

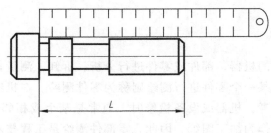

用直尺测长度

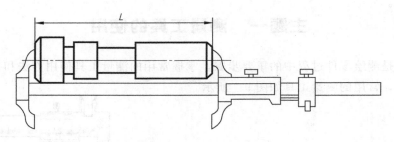

用游标卡尺测长度

图 9-2　长度尺寸测量

二、直径尺寸的测量

图 9-3 是直径的测量方法。

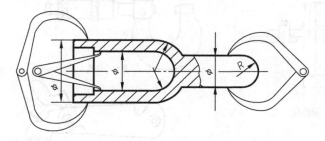

用内、外卡钳测直径

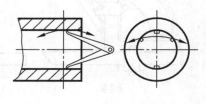

用内卡钳测直径

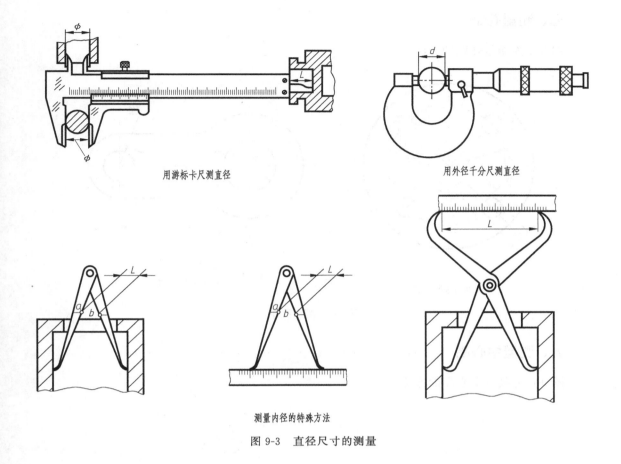

用游标卡尺测直径　　　　　　　　用外径千分尺测直径

测量内径的特殊方法

图 9-3　直径尺寸的测量

三、深度及壁厚尺寸的测量

如图 9-4 所示，深度及壁厚尺寸的测量通常是卡钳和直尺配合使用。

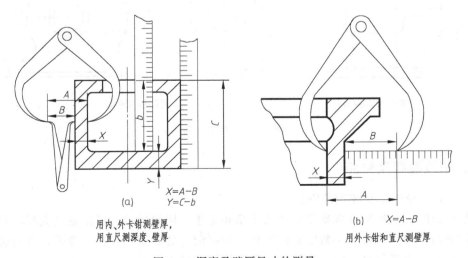

(a)
$X=A-B$
$Y=C-b$

用内、外卡钳测壁厚，
用直尺测深度、壁厚

(b)　　$X=A-B$

用外卡钳和直尺测壁厚

图 9-4　深度及壁厚尺寸的测量

四、测量孔距

图 9-5 为测量孔距的方法。

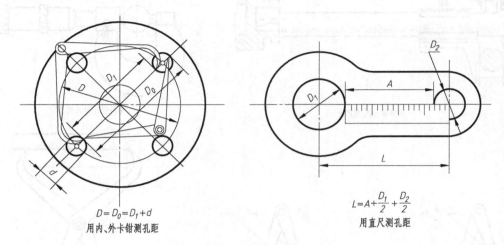

$$D = D_0 = D_1 + d$$

用内、外卡钳测孔距

$$L = A + \frac{D_1}{2} + \frac{D_2}{2}$$

用直尺测孔距

图 9-5　测量孔距

五、测量中心高

图 9-6 为测量中心高的方法。

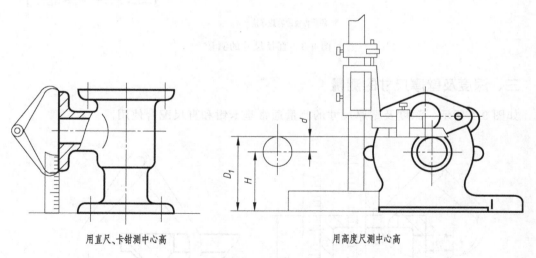

用直尺、卡钳测中心高

用高度尺测中心高

图 9-6　测量中心高

六、测量圆弧及螺距

图 9-7 为测量圆弧及螺距的方法。

测量螺距时，先用螺纹规确定螺纹的牙型和螺距，用游标卡尺量出螺纹大径，目测螺纹的线数和旋向，螺纹的技术参数已经标准化，根据测得的牙型、大径、螺距，查有关手册的螺纹标准核对，选择最接近的标准值作为测绘螺纹的结果。

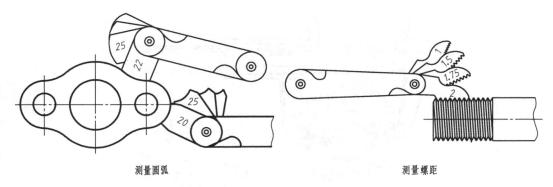

测量圆弧   测量螺距

图 9-7   测量圆弧及螺距

七、测量角度

图 9-8 为测量角度的方法。

八、测量曲线、曲面

如图 9-9 所示，测量曲线和曲面的方法有拓印法、铅丝法、坐标法。

（1）拓印法 平面曲线，可用纸拓印其轮廓，再测量曲线的形状尺寸〔图 9-9（a）〕。

（2）铅丝法 用铅丝弯成与其曲面相贴的实形，得平面曲线，再测出其形状尺寸〔图 9-9（b）〕。

（3）坐标法 用直尺和三角板定出曲线或曲面上各点的坐标，作出曲线再测出其形状尺寸〔图 9-9（c）〕。

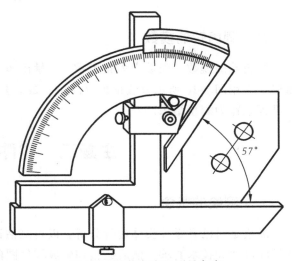

图 9-8   万能角度尺测量角度

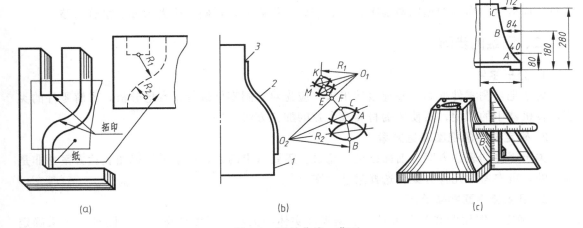

(a)   (b)   (c)

图 9-9   测量曲线、曲面

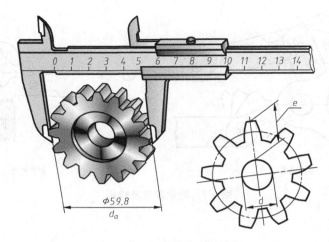

图 9-10　测齿轮的模数

九、测齿轮的模数

测齿轮的模数，先数出齿轮齿数 z，量出齿顶圆直径 d_a，当齿数为单数时不能直接测量时，可用图 9-10 所示方法量出 $d_a = d + 2e$，然后计算出模数，最后在标准模数表中选出标准模数作为测量结果。

主题二　零件测绘步骤

一、测绘的概念

测绘是对已有零件实体进行分析，以目测估计图形与实物的比例，徒手画出草图，测量并标注尺寸和技术要求，然后经整理画成零件图的过程。

测绘零件大多在车间现场进行，由于场地和时间限制，一般都不用或只用少数简单绘图工具，徒手目测绘出图形，其线型不可能像用直尺和仪器绘制的那样均匀笔直，但不能马虎潦草，而应努力做到线型明显清晰、内容完整、投影关系正确、比例匀称、字迹工整。

二、测绘的步骤

1. 分析零件

为了把被测零件准确完整地表达出来，应先对被测零件进行认真地分析，了解零件的类型、在机器中的作用，所使用的材料及大致的加工方法。

2. 确定零件的视图表达方案

关于零件的表达方案，前面已经讨论过。需要重申的是，一个零件视图表达方案并非是唯一的，可多考虑几种方案，选择最佳方案。

3. 目测徒手画零件草图

① 确定绘图比例并合理布局，根据零件实体的大小、视图数量、现有图纸大小来确定适当的比例。粗略确定各视图占据的图纸空间，在图纸上作出主要视图的基准线和对称中心

线，此时要给标注尺寸和画其他辅助视图留出足够的空间。

② 详细画出零件内外结构和形状，检查、加深有关图线，注意各部分结构之间的比例应协调。

③ 对尺寸进行分析，将标注尺寸的尺寸界线、尺寸线全部画出，然后集中测量、注写各个尺寸，以防遗漏或重复标注尺寸。

④ 书写技术要求，确定表面粗糙度、零件材质、尺寸公差、形位公差及热处理等要求。

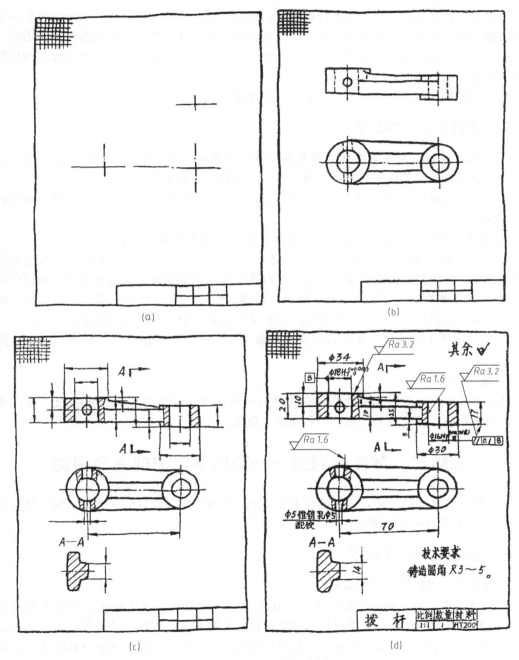

图 9-11　徒手画拨杆草图

⑤ 最后检查、修改全图并填写标题栏，完成草图。

目测徒手画零件草图举例如图 9-11 所示。

① 布图（画中心线、对称中心线及主要基准线），如图 9-11（a）所示。

② 画各视图的主要部分，如图 9-11（b）所示。

③ 取剖视，画出全部视图，并画出尺寸界线、尺寸线，如图 9-11（c）所示。

④ 标注尺寸和技术要求，填写标题栏并检查校正全图，如图 9-11（d）所示。

4. 绘制零件加工图

在绘制零件草图时会受一些条件的限制，有些问题处理得不够完善。一般应将零件草图整理、修改后画成正式的零件加工图，经审核批准后才能投入生产。在画零件加工图时，要对草图进一步检查和校对，对于零件上标准结构，查表并正确标注尺寸，并用仪器或计算机画出零件加工图。

画出零件加工图后，整个零件测绘的工作才能完成。

三、零件测绘的注意事项

① 测量尺寸时，应正确选择测量基准，以减少测量误差。零件上磨损部位的尺寸，应参考其配合零件的相关尺寸，或参考有关的技术资料予以确定。

② 零件间相配合结构的基本尺寸必须一致，并应精确测量，查阅有关手册，给出恰当的尺寸偏差。

③ 零件上的非配合尺寸，如果测量值为小数，应圆整为整数标出。

④ 零件上的截交线和相贯线，不能机械地照实物绘制，因为它们常常由于制造上的缺陷而被歪曲。画图时要分析弄清它们的形成过程，然后用学过的截交线和相贯线知识画出。

⑤ 要注意零件上的细小结构，如倒角、圆角、凹坑、凸台和退刀槽、中心孔等。如果是标准结构，在测得尺寸后，应参照相应的标准查出标准值，标注在图纸上。

⑥ 对于零件上的缺陷，如铸造缩孔、砂眼、加工疵点、运转时的磨损等，不要在图上画出。

⑦ 技术要求的确定

测绘零件时，可根据实物并结合有关资料分析，确定零件的有关技术要求，如尺寸公差、表面粗糙度、形位公差、热处理和表面处理等。

主题三 零件的测绘——测绘平口钳的活动钳身

平口钳是夹具中的一种，是安装在工作台上，用来夹紧工件以便进行钳工加工的通用工具，图 9-12 是平口钳的轴测图。

一、分析、拆卸平口钳

1. 掌握平口钳结构、位置关系

图 9-13 是平口钳分解后的轴测图，它是由 11 种零件组成，其中垫圈、圆柱销和螺钉是标准件，其他件是非标件。分析时提出关键零件，要掌握这些零件的结构和位置：在平口钳中，关键件是固定钳座和活动钳身，其他零件都是以这两个零件为基准进行装配的。在安装时，螺母块从固定钳座下方空腔装入工字形槽内，用垫圈与螺杆连接，并用环、圆柱销将螺

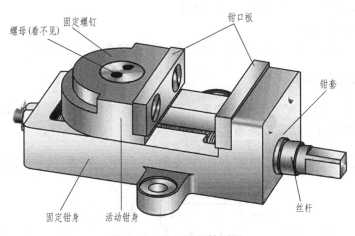

图 9-12 平口钳的轴测图

杆轴向固定，用螺钉把活动钳身与螺母块连接，最后用螺钉将两块钳口板分别与固定钳座和活动钳身连接。

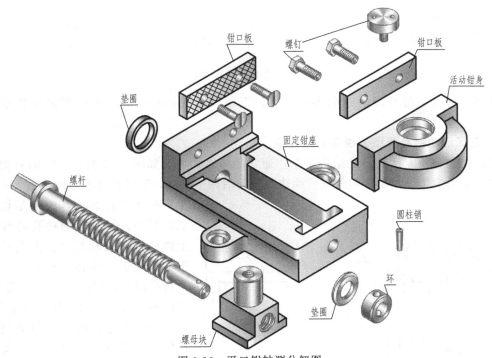

图 9-13 平口钳轴测分解图

2. 平口钳的工作原理

平口钳工作时旋转螺杆，可带动螺母块作平动，由于螺母与活动钳身用螺钉连接成整体，因此螺母块可以带动活动钳身作平动，调节活动钳身与固定钳座钳口板间的距离，从而达到夹紧或松开零件的目的。

3. 拆卸顺序

① 螺杆贯穿整个平口钳，所以要以螺杆作为主要拆卸路线，先拆圆柱销，卸下环和垫

圈，再旋出螺杆，取下固定钳座另一侧的垫圈。

② 拆下螺钉和钳口板。

③ 拆卸螺钉、螺母块，最后取下活动钳身，完成整个平口钳的拆卸。

二、画出装配简图

如图 9-14 所示，画装配简图和拆卸零件同时进行，以便对照，防止错误的发生。要分析平口钳各个零件间的连接位置关系。

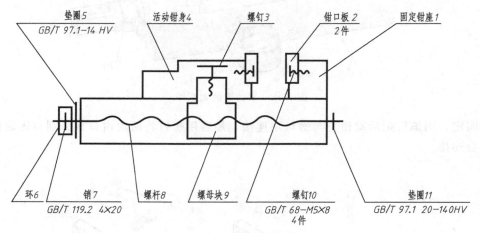

图 9-14 平口钳装配示意图

活动钳身是关键且最复杂的零件之一，下面以画活动钳身为例来说明画零件草图的过程。

1. 选择活动钳身视图，确定表达方案

（1）结构分析 活动钳身结构复杂，通常是铸造而成。如图 9-15 所示，它的右侧是个长方体，前后向下凸出部分包住固定钳座导轨前后两个侧面，活动钳身的左侧是由大小两个半圆柱体组合而成，中部是切割而成的沉头圆柱孔，圆柱孔与螺母块上圆柱体部分相配合，右上端长方形缺口用于安装钳口板，上面有两个螺孔用于固定钳口板和活动钳身，其中钳口板是平口钳的一个工作面。

（2）表达分析 选用全剖的主视图，可以表达出中间的沉头圆柱孔、左右两侧阶梯形及右侧下方凸出的形状。俯视图主要表达活动钳身的外部结构，采用局部剖视图来表达螺钉的相对位置和旋进深度。再通过一个局部视图和一个局部放大图来补充表达右侧没有表达清楚和细小部分结构。

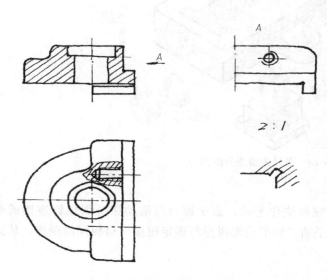

图 9-15 活动钳身零件草图

2. 标注尺寸

平口钳标注尺寸时要注意装配尺寸，公称尺寸保持一致。相配合的螺母块上方圆柱的外径和同它相配合的活动钳身中孔径公称尺寸要保持一致。活动钳身前后下方凸出部分和固定钳座前后两侧配合部分公称尺寸保持相同。在绘制的零件草图中尺寸线要全部标出，检查无遗漏后，再用测量工具集中测量对应尺寸，并填写尺寸数值，以防遗漏。

如图 9-16 所示，平口钳的活动钳身在端面是长度方向的主要基准，标注尺寸 7mm 和 25mm，圆柱孔的中心线定为长度方向的辅助基准，标注尺寸 $R24$mm、$R40$mm、$\phi28$mm 和 $\phi20^{+0.033}_{0}$mm，长度方向尺寸 65mm 是零件加工和检验时的参考尺寸要加注括号，前后对称中心线定为宽度方向主要基准，标注尺寸 92mm 和 40mm，在俯视图中标注尺寸 $82^{+0.35}_{0}$mm，以螺纹孔的轴线作为宽度方向辅助基准，标注 $2\times$M8，把底面定为高度方向主要基准，标注尺寸 18mm 和 28mm。把顶面作为此方向的辅助基准，标注尺寸 8mm、20mm 和 36mm，并在 A 向局部视图中标注细小结构的尺寸 5mm。

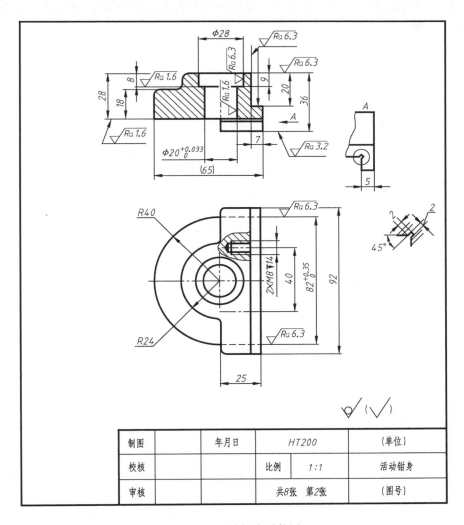

图 9-16 活动钳身零件图

3. 材料和技术要求的确定

（1）材料　平口钳的固定钳座和活动钳身通常都是铸铁件，一般选用灰铸铁 HT200 或 HT150。螺母块、垫圈、键、销和环等受力较小的零件选用碳素结构钢 Q235A，螺杆可采用强度更高的中碳钢 45 钢。

（2）配合要求　平口钳各零件间有配合四处，尺寸公差应根据实测数据并参照极限配合标准确定。螺杆两端轴颈与圆孔采用基孔制间隙配合 $\phi12H8/f7$ 和 $\phi18H8/f7$，可以使螺杆在钳座左右圆孔内灵活转动。螺母块上圆柱部分与活动钳身圆柱孔的结合面采用基孔制间隙配合 $\phi20H8/h7$，查尺寸公差标准可知活动钳身上的孔为 $\phi18H8\ (^{+0.033}_{0})$。

（3）表面粗糙度　固定钳座和活动钳身接触表面粗糙度要求高，选用 $Ra1.6\mu m$，活动钳身与螺母块配合圆柱面、螺母块与螺杆配合面也选 $Ra1.6\mu m$，其他配合面选择 $Ra6.3\sim12.5\mu m$ 即可。

4. 绘制活动钳身的零件图

根据平口钳的活动钳身的零件草图，按照画零件图的方法步骤，画出活动钳身的零件图，如图 9-16 所示。

项目十

装配图

装配图是指导机器和部件装配、检验、调试、安装和维修的技术文件，它表示机器和部件的工作原理、各零件间的装配关系、相对位置、结构形状和有关技术要求等。表示一台完整机器的图样，称为总装配图。表示一个部件的图样，称为部件装配图。下面介绍装配图的表示法，以及识读装配图、画装配图和由装配图拆画零件图的方法与步骤。

主题一　装配图的概述

一、装配图的内容

从图 10-1 截止阀装配图可以看出，一张完整的装配图应包括以下几项基本内容。

（1）一组图形　运用必要的视图和各种表达方法，表达出机器或部件的工作原理、各零件间的相互位置、装配关系、连接方式、传动路线和使用原理以及主要零件的基本结构形状等。

（2）必要的尺寸　注明机器或部件的规格（性能）及零件间的配合尺寸、外形尺寸和安装尺寸以及关键零件的定形、定位尺寸等重要尺寸。

（3）必要的技术要求　用文字说明或标注符号指明机器或部件在装配、调试、安装和使用中应达到的技术指标以及使用规则、范围等。

（4）零件序号和明细栏　装配图中必须对每种零件编写序号，并编制相应零件明细栏，说明零件的名称、材料、数量等。

（5）标题栏　包括机器或部件的名称、图号、比例及图样的责任者签字等内容。

二、装配图的表达方法

零件图中的一切画法和表达方式都适用于装配图，因装配图有其特殊性，因此装配图还有一些规定画法、特殊表达方法及简化画法。

1. 装配图的规定画法

装配图的规定画法如图 10-2 所示。

① 实心零件画法　在装配图中，当剖切面通过螺纹连接件（如螺栓、螺柱、螺母、

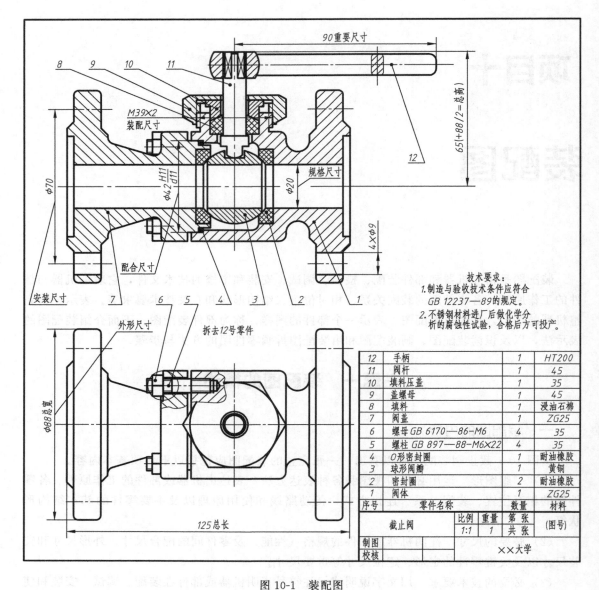

图 10-1 装配图

垫圈等）和实心件（如键、销及轴等）的轴线时，这些件均按不剖绘制，如图 10-3 所示。

　　② 相邻零件的轮廓线画法　如图 10-4 所示，在装配图中，相邻两个零件的接触表面和配合表面只画一条线。不接触表面和非配合表面即使间隙很小也必须画两条线。

　　③ 相邻零件的剖面线画法　在装配图中同一零件的剖面线应方向一致，间隔相等。不同零件的剖面线其方向应不同或间隔不等，以区分不同的零件（图 10-3）。

　　2. 装配图中的特殊画法

　　（1）拆卸画法　以拆卸代替剖视的画法，如图 10-5 中的俯视图就是沿轴承盖与轴承座的结合面拆去轴承盖和上轴衬等剖开画出的。

　　（2）假想画法

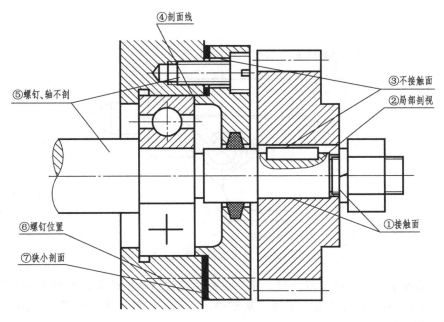

④剖面线

⑤螺钉、轴不剖

③不接触面

②局部剖视

①接触面

⑥螺钉位置

⑦狭小剖面

图 10-2 装配图的规定画法

螺栓、螺母和垫圈不剖

轴不剖

两零件剖面线方向相反

图 10-3 实心零件画法

两面接触

两面配合 两面不配合

图 10-4 相邻零件的轮廓线画法

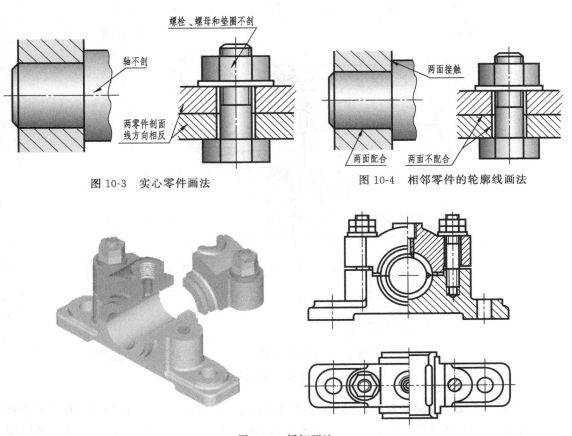

图 10-5 拆卸画法

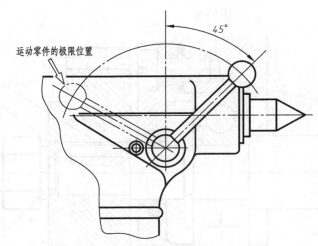

图 10-6　极限位置的假想画法

① 表示部件中运动件的极限位置，用双点画线假想地画出轮廓，如图 10-6 所示。

② 如图 10-7 所示，为了表达不属于某部件，又与该部件有关的零件，也用双点画线画出与其有关部分的轮廓。

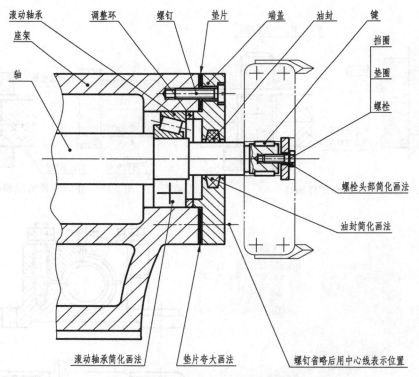

图 10-7　与部件有关零件的假想画法

（3）展开画法　是假想按传动顺序沿轴线剖切，然后依次将弯折的剖切面伸直，展开到与选定投影面平行的位置，再画出其剖切图的画法叫展开画法，如图 10-8 所示三星齿轮传动机构 A—A 的画法为展开画法。

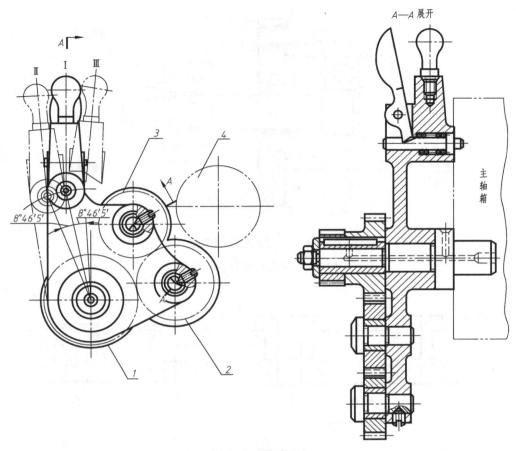

图 10-8 展开画法

3. 简化画法

① 若干相同零、部件的表达，如图 10-9 中螺钉的画法。

② 在装配图中倒角、圆角、凹坑等细节部分的表达，如图 10-9 中的螺栓头部、螺母的双曲线及倒角均采用简化画法。

③ 滚动轴承的表达，如图 10-9 中滚动轴承的画法。

4. 夸大画法

在装配图中，当图形上孔的直径或薄片的厚度较小（≤2mm）以及间隙、斜度和锥度较小时，允许将该部分不按原来比例夸大画出。图 10-9 中垫片厚度和间隙均采用夸大画法。

三、装配图的常用装配结构

1. 接触面与配合面结构的合理性

① 两零件在同一方向上只能有一个接触面和配合面，如图 10-10 所示。

② 为保证轴肩端面与孔端面接触，轴肩处加工出退刀槽，或在孔端面加工出倒角，如图 10-11 所示。

③ 沉孔，如图 10-12 所示。

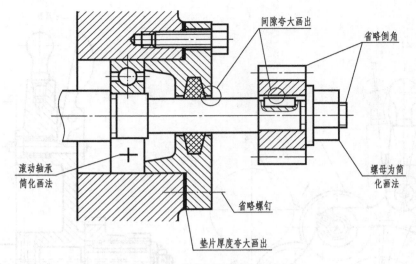

图 10-9　简化画法和夸大画法

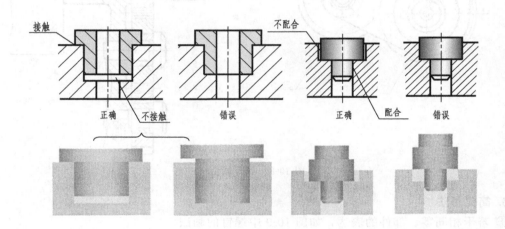

图 10-10　接触面和配合面只能有一个

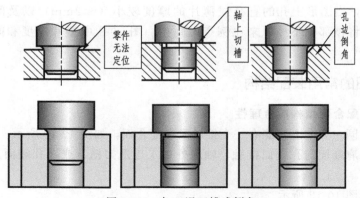

图 10-11　加工退刀槽或倒角

④ 凸台，如图 10-13 所示。

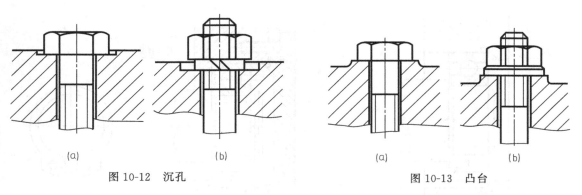

图 10-12　沉孔　　　　　　　　图 10-13　凸台

2. 螺纹连接的合理结构

为了便于拆装，必须留出扳手的活动空间和装、拆螺栓的空间，如表 10-1 所示。

表 10-1　螺纹连接

内容	正确图例	错误图例	说明
考虑装拆方便的结构		距离小，扳手位置不够	为了装拆紧固件的方便，要留有扳手活动的空间位置
			为了装拆紧固件的方便，要留有足够的空间范围，如大于螺栓长度

3. 轴向零件的固定结构

为防止滚动轴承等轴上的零件产生轴向移动，必须采用一定的结构来固定。常用的固定结构方法有以下几种。

① 用轴肩固定，如图 10-14 所示。

② 用弹性挡圈固定，如图 10-15 所示。

③ 用轴端挡圈固定，如图 10-16 所示。

④ 用圆螺母及止动垫圈固定，如图 10-17 所示。

4. 防松的结构

机器或部件在工作时，由于受到振动或冲击，一些紧固件可能产生松动现象。因此，在某些装置中需采用防松结构。

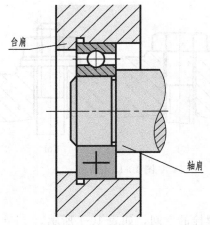

图 10-14 用轴肩固定

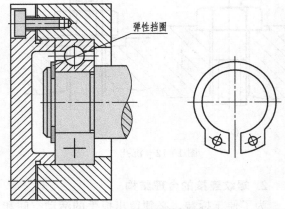

图 10-15 用弹性挡圈固定

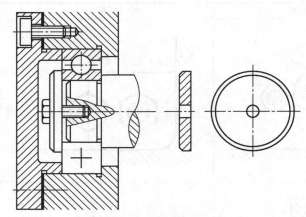

图 10-16 用轴端挡圈固定

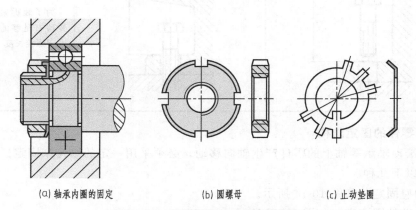

(a) 轴承内圈的固定   (b) 圆螺母   (c) 止动垫圈

图 10-17 用圆螺母及止动垫圈固定

下面是几种常用的防松结构。

① 双螺母锁紧，如图 10-18 所示。

② 弹簧垫圈防松，如图 10-19 所示。

③ 止退垫圈防松，如图 10-20 所示。

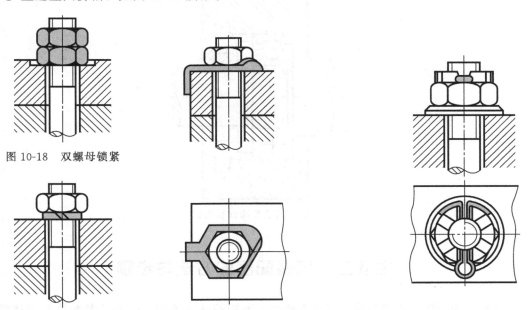

图 10-18 双螺母锁紧

图 10-19 弹簧垫圈防松　　图 10-20 止退垫圈防松　　图 10-21 开口销防松

④ 开口销防松，如图 10-21 所示。

5. 密封防漏的结构

为防止机器或部件内部的液体或气体向外渗漏，同时也避免外部的灰尘、杂质等侵入，必须采用密封装置，如图 10-22 所示。

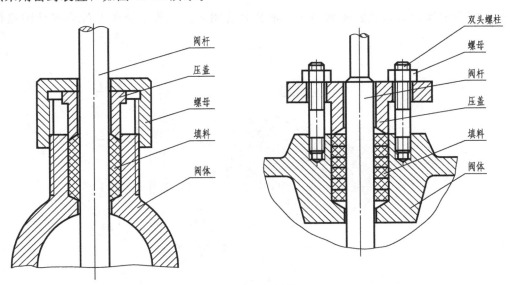

图 10-22 密封装置

6. 滚动轴承的密封

滚动轴承需要进行密封，防止外部的灰尘和水分进入轴承，也防止轴承的润滑剂渗漏，如图 10-23 所示。

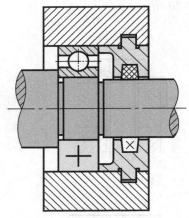

图 10-23　滚动轴承密封

主题二　画装配图的方法与步骤

装配图的画法与步骤和零件图基本相似，不同的是画装配图时要从装配体的整体结构、装配关系、相对位置和工作原理考虑，确定最优的表达方案，另外还应考虑装配结构的合理性，以保证机器和部件的性能，使其连接可靠并便于装拆。下面以滑动轴承装配图为例，说说画装配图的方法与步骤。

一、了解、分析装配体

首先将装配体的实物或装配轴测图、轴测分解图对照装配示意图及配套零件图进行分

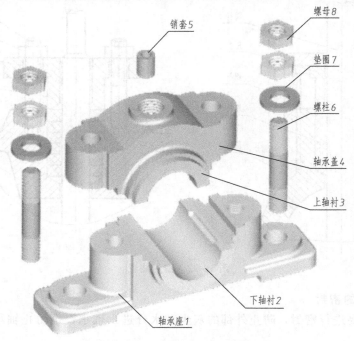

图 10-24　滑动轴承的组成

析，了解装配体的用途、结构特点，各零件形状、作用和零件间的装配关系，以及装拆顺序、工作原理等。

如图 10-24 所示，滑动轴承由轴承座 1、下轴衬 2、上轴衬 3、轴承盖 4、销套 5、螺柱 6、垫圈 7、螺母 8 组成。

1. 装配关系

轴承座上的凹槽与轴承盖下的凸起配合定位。轴衬与轴承座孔，轴向以轴衬两端凸缘定位，径向轴衬外表面配合及销套定位。

2. 连接固定关系

轴承座与轴承盖用螺柱、螺母、垫圈连接固定；轴承座底板两边的通孔用于安装滑动轴承；轴承盖顶部的螺孔用来装油杯注油润滑轴承，以减少轴和孔之间的摩擦与磨损。

二、确定表达方案

1. 主视图的选择

选择原则：

① 符合部件的工作状态。

② 能较清楚地表达部件的工作原理、主要的装配关系或其结构特征。

如图 10-25 所示，半剖视的主视图，通过螺柱轴线剖切，既表达了轴承盖、轴承座和轴衬的定位及连接固定关系，也反映了滑动轴承的功用和结构特征。

2. 其他视图的选择

其他视图的选择，应考虑对主视图尚未表达清楚的部件和结构加以补充。如图 10-26 所示，全剖视的左视图，既表达了轴衬和轴承孔的装配关系，又反映了轴在孔中转动的工作状况。半剖视的俯视图，补充表达外形特征，并便于尺寸标注。

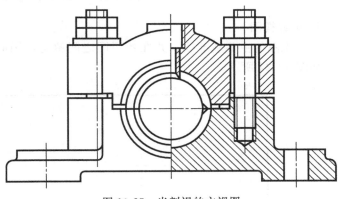

图 10-25　半剖视的主视图

三、确定比例、图幅，合理布图

在画装配图前，应根据装配图中部件大小、复杂程度先拟定表达方案，再确定画图比例、图幅，同时要考虑为尺寸标注、技术要求、零件序号、明细栏及标题栏等留出足够的空间，使图样表达清晰、布局合理。

四、画图步骤

在分析部件，确定视图表达方案的基础上，按下列步骤画图。

1. 确定图幅

根据部件的大小、视图数量，确定绘图比例、图幅大小，画出图框，留出标题栏和明细栏的位置。

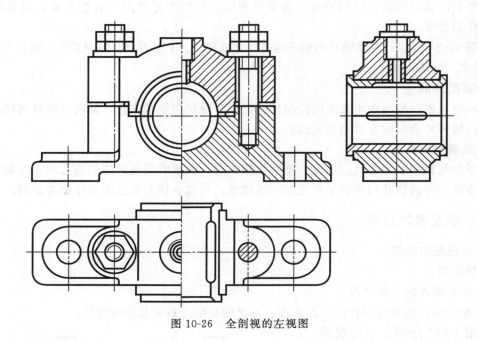

图 10-26 全剖视的左视图

2. 布置视图

画各视图的主要基准线，并在各视图之间留有适当间隔，以便标注尺寸和进行零件编号，如图 10-27 所示。

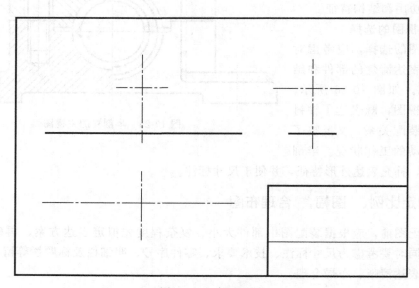

图 10-27 布置视图

3. 画主要装配线

主要装配线如图 10-28 所示。

4. 画其他装配线及细部结构

画销套、螺柱连接如图 10-29 所示。

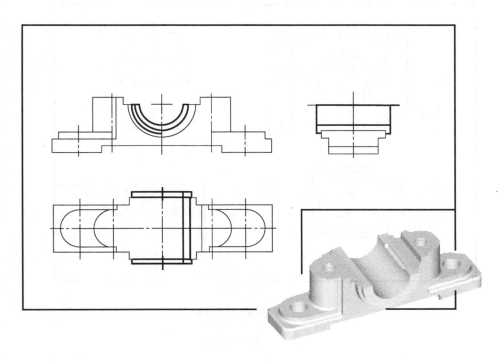

(a) 装配第一步：轴承座、下轴衬

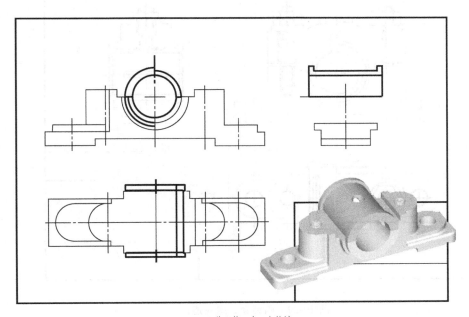

(b) 装配第二步：上轴衬

图 10-28

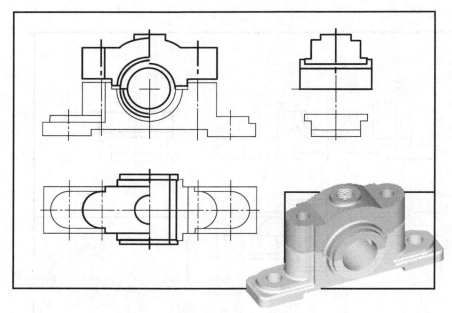

(c) 装配第三步：轴承盖

图 10-28　主要装配线

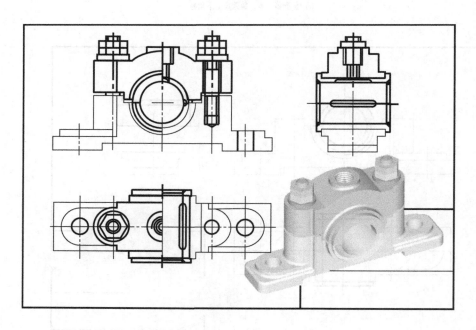

图 10-29　画销套、螺柱连接

5. 完成装配图

　　检查无误后加深图线，画剖面线，标注尺寸，对零件进行编号，填写明细栏、标题栏、技术要求等，完成装配图，如图 10-30 所示。

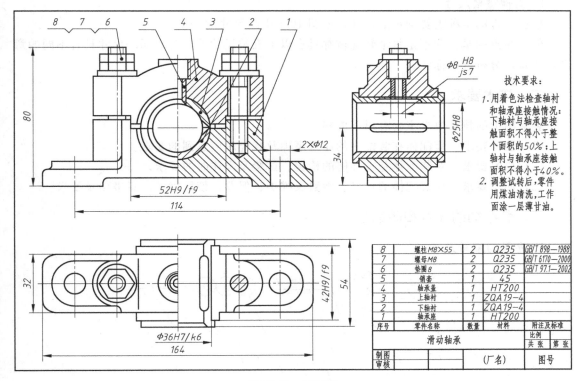

图 10-30 装配图

主题三 装配图的尺寸标注、零件序号和明细栏

一、装配图中的尺寸标注

在装配图上不必标注零件的全部尺寸，只须标注以下必要的尺寸。

1. 规格（性能）尺寸

表示装配体的规格或性能的尺寸，如图 10-1 中尺寸 $\phi20$。

2. 装配尺寸

表示各零件之间装配关系的尺寸。

（1）配合尺寸　表示两零件间配合性质的尺寸，如图 10-1 中的配合尺寸 $\phi42\dfrac{H11}{d11}$ 表示该配合为基孔制的间隙配合。

（2）相对位置尺寸　表示零件在装配时需要保证的相对位置关系的尺寸，如图 10-1 中的尺寸 M39×2。

3. 安装尺寸

表示将部件安装到机器上或将整机安装到基座上所需的尺寸，如图 10-1 中的尺寸 $\phi70$。

4. 总体尺寸

表示装配体的总长、总宽和总高的尺寸，如图 10-1 中的总长尺寸 125mm，总宽尺寸 $\phi88$mm，总高尺寸（65＋88/2）mm。

5. 其他重要尺寸

根据部件的某种需要确定的尺寸，如图 10-1 中的尺寸 90mm。

但应注意的是：并不是每个装配体都具有以上五类尺寸的，有时同一尺寸具有不同的意义，要具体分析进行标注。

二、技术要求

装配图中的技术要求主要有以下内容。

（1）装配要求　装配体在装配中的注意事项及装配后应达到的要求。

（2）检验要求　对装配体基本性能的检验、试验及操作时的要求。

（3）使用要求　对装配体的规格、参数及维护、保养、使用时的注意事项及要求。

三、装配图的序号和明细栏

1. 序号的编写方法

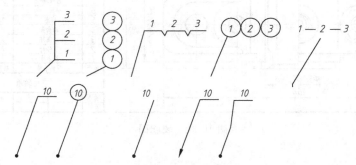

图 10-31　序号编写形式

① 装配图中的所有零、部件均应编写序号，且要与明细栏中的序号一致。

② 每种零件只编写一次序号，序号的字号要比尺寸数字大一号或两号。

③ 编写的形式如图 10-31 所示。

④ 指引线相互不能相交，避免与图线平行。必要时指引线可弯折一次；当通过剖面线区域时，不得与剖面线平行。

⑤ 一组紧固件或装配关系明显的零件组，可采用公共的指引线。

⑥ 零件序号的书写方向可按顺时针或逆时针的方向依次排列，如图 10-1 所示采用的是顺时针方向。

2. 明细栏

按国家标准规定的格式绘制。其中包括的内容如图 10-32 所示，其位置在标题栏的上方，自下而上填写，位置不够继续延伸。

13	扳手	1	ZG25	
12	阀杆	1	40Cr	
11	填料压紧套	1	35	
10	上填料	1	聚四氯乙烯	
9	中填料	2	聚四氯乙烯	
8	填料垫	1	40Cr	
7	螺母 M12	4	Q235	GB/T 6170—2000
6	螺柱 AM12×30	4	Q235	GB/T 897—1988
5	调整垫	1	聚四氯乙烯	
4	阀芯	1	40Cr	
3	密封圈	2	聚四氯乙烯	
2	阀盖	1	ZG25	
1	阀体	1	ZG25	
序号	零件名称	数量	材料	附注及标准

球阀		比例	1:2
制图		（厂名）	图号
审核			

图 10-32　明细栏

主题四　读装配图

在装配、检验、使用、安装和检修机器，或技术交流都会用到装配图，因此，技术工人必须具备识读装配图的能力。

读装配图的要求是：

① 弄懂装配体的名称、用途、性能、技术参数、结构和工作原理；

② 读懂各主要零件的结构形状及其在装配体中的作用；

③ 明确各零件间的相对位置、装配关系、连接方式，了解装、拆的先后顺序；

④ 了解部件的尺寸和技术要求。

以图 10-33 球阀的装配图为例来说明读装配图的方法和步骤。

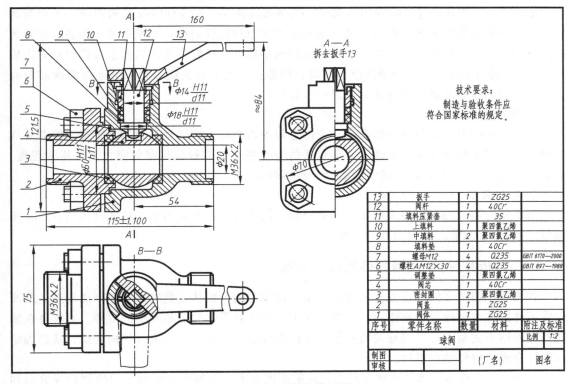

技术要求：
制造与验收条件应
符合国家标准的规定。

13	扳手	1	ZG25	
12	阀杆	1	40Cr	
11	填料压紧套	1	35	
10	上填料	1	聚四氯乙烯	
9	中填料	2	聚四氯乙烯	
8	填料垫	1	40Cr	
7	螺母M12	4	Q235	GB/T 6170—2000
6	螺柱AM12×30	4	Q235	GB/T 897—1988
5	调整垫	1	聚四氯乙烯	
4	阀芯	1	40Cr	
3	密封圈	2	聚四氯乙烯	
2	阀盖	1	ZG25	
1	阀体	1	ZG25	
序号	零件名称	数量	材料	附注及标准
	球阀			比例 1:2
制图			(厂名)	图名
审核				

图 10-33　球阀的装配图

一、概括了解

① 首先看标题栏，由机器或部件的名称了解部件的用途，这对看懂装配图有很大的帮助。

② 对照明细栏，在装配图中查找各零、部件的大致位置，了解标准零、部件和非标准零、部件的名称和数量，从而知道其大致的组成情况和复杂程度。

③ 根据装配图上视图的表达情况，找出各个视图及剖视图、断面图等配置的位置以及剖切平面的位置和投影方向，从而搞清各视图表达的重点。

④ 阅读装配图的技术要求，了解装配体的性能参数、装配要求等信息。这样对部件的

大体轮廓、内容、作用有一个概括的印象。

如图 10-33 所示装配图的名称是球阀，阀是管道系统中用来启闭或调节流体流量的部件，球阀是阀的一种。从明细栏中可知球阀由 13 种零件组成，其中标准件两种。按序号依次查明各零件之间的装配关系。左视图采用拆去扳手的半剖视，表达球阀的内部结构及阀盖方形凸缘的外形。俯视图采用局部剖视，主要表达球阀的外形。

二、了解装配关系和工作原理

对照视图仔细研究部件的装配关系和工作原理，这是读装配图的一个重要的环节。在概括了解的基础上，分析各条装配干线，弄清各个零件间相互配合的要求，以及零件间的定位、连接方式、密封等问题，再进一步弄清运动零件和非运动零件的相对运动关系，这样就可以对部件的工作原理和装配关系有所了解。

如图 10-33 所示，通过对球阀的阀杆、阀盖和阀体等主要零件的分析和识读，了解对球阀各零件之间的装配关系及连接方式。球阀的工作原理比较简单，装配图所示阀芯的位置为阀门全部开启，管道畅通。图中细双点画线为扳手转动的极限位置，当扳手按顺时针方向旋转 90°时，阀门全部关闭，管道断流。所以，阀芯是球阀上的关键零件。下面针对阀芯与有关零件之间的包容关系和密封关系作进一步分析。

1. 包容关系

阀体 1 和阀盖 2 都带有方形凸缘，它们之间用四个双头螺柱 6 和螺母 7 连接，阀芯 4 通过两个密封圈定位于阀体空腔内，并用合适的调整垫 5 调节阀芯与密封圈之间的松紧程度。通过填料压紧套 11 与阀体内的螺纹旋合，将零件 8、9、10 固定于阀体中。

2. 密封关系

两个密封圈 3 和调整垫 5 形成第一道密封。阀体与阀杆之间的填料垫 8 及填料 9、10 用填料压紧套 11 压紧，形成第二道密封。

三、分析零件，读懂零件的结构形状

利用装配图特有的表达方式和投影关系，将零件的投影从重叠的视图中分离出来，从而读懂零件的基本结构形状和作用。一般先从主要零件着手，然后是其他的零件。当零件在装配图中表达不完整时，可对有关的其他零件仔细观察和分析后，再进行结构分析，从而确定该零件合理的内外结构形状。

如图 10-34 所示，其中的球阀阀芯，从装配图的主、左视图中根据相同的剖面线方向和间隔，将阀芯的投影轮廓分离出来，结合球阀的工作原理以及阀芯与阀杆的装配关系，从而完整地想象出阀芯是一个左、右两边截成平面的球体，中间是通孔，上部是圆弧凹槽。

四、分析尺寸，了解技术要求

装配图中标注必要的尺寸，包括规格（性能）尺寸、装配尺寸、安装尺寸和总体尺寸。其中装配尺寸与技术要求有密切关系，应仔细分析。通过装配图中所标注的尺寸及配合代号，可了解零件间的配合要求；由技术要求可以明确机器或部件装配要点和装配后应达到的性能指标、试验要求等。

例如球阀装配图中标注的装配尺寸有三处：$\phi 50 \frac{H11}{h11}$ 是阀体与阀盖的配合尺寸；$\phi 14 \frac{H11}{d11}$

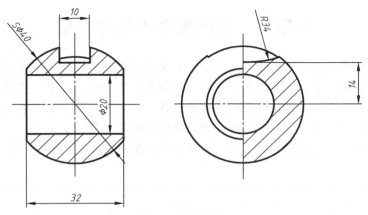

图 10-34　球阀阀芯

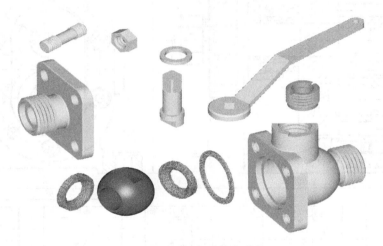

图 10-35　各个零件的形状

是阀杆与填料压紧套的配合尺寸；$\phi 18$ $\dfrac{\text{H}11}{\text{d}11}$ 是阀杆下部凸缘与阀体的配合尺寸。为了便于装拆，三处均采用基孔制间隙配合。此外，技术要求还包括零件在装配过程中或装配后必须达到的技术指标，例如装配的工艺和精度要求，以及对零件的工作性能、调试过程与试验方法、外观等的要求。

　　根据装配图，分别想象出如图 10-35 所示的各个零件形状，可以勾画出各零件的草图。

　　最后可以根据想象出的各个零件图形状组合在一起，想象出整个部件的形状，如图 10-36 所示。

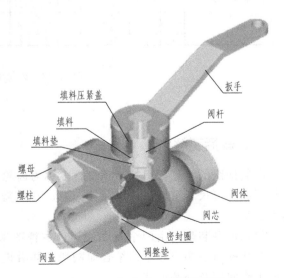

扳手
填料压紧盖
填料
阀杆
填料垫
螺母
螺柱
阀体
阀芯
密封圈
阀盖
调整垫

图 10-36　组合在一起的零件图

主题五　由装配图拆画零件图

机器设计先要对其进行整体设计，因此要先从画装配图入手，再由装配图拆画每种非标准零件，完成零件图的绘制。在设备检修时，通常是机器中的某个零件或部件损坏，也要将该部分零件图拆画出来。在识读装配图的教学过程中，常要求拆画其中某个零件图来检查是否真正读懂装配图。因此，拆画零件图应该在读懂装配图的基础上进行。

如图 10-37 所示，以齿轮油泵为例，来说明由装配图拆画零件图的过程。

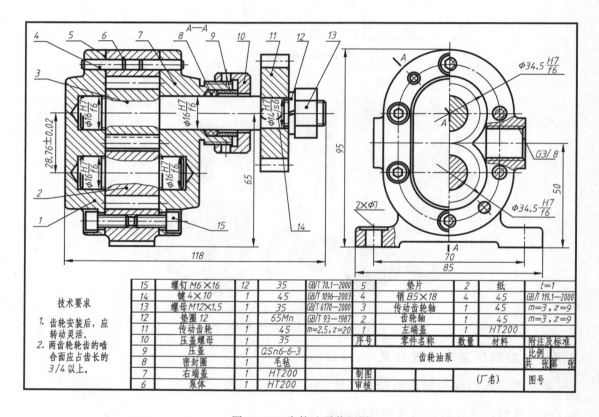

技术要求

1. 齿轮安装后，应转动灵活。
2. 两齿轮轮齿的啮合面应占齿长的 3/4 以上。

15	螺钉 M6×16	12	35	GB/T 70.1—2000	5	垫片	2	纸	t=1
14	键 4×10	1	45	GB/T 1096—2003	4	销 B5×18	4	45	GB/T 119.1—2000
13	螺母 M12×1.5	1	35	GB/T 6170—2000	3	传动齿轮轴	1	45	m=3, z=9
12	垫圈 12	1	65Mn	GB/T 93—1987	2	齿轮轴	1	45	m=3, z=9
11	传动齿轮	1	45	m=2.5,z=20	1	左端盖	1	HT200	
10	压盖螺母	1	35		序号	零件名称	数量	材料	附注及标准
9	压盖	1	QSn6-6-3			齿轮油泵		比例	共 张第 张
8	密封圈	1	毛毡						
7	右端盖	1	HT200		制图		(厂名)		图号
6	泵体	1	HT200		审核				

图 10-37　齿轮油泵装配图

一、概括了解

由装配图的标题栏可知，该部件名称为齿轮油泵，是安装在油路中的一种供油装置。由明细栏和外形尺寸可知，它由泵体，左、右端盖，传动齿轮和齿轮轴等 15 种零件组成，结构不复杂。

齿轮油泵装配图由两个视图表达，主视图采用全剖视，表达了齿轮油泵的主要装配关系。左视图沿左端盖和泵体结合面剖切，并沿进油口轴线取局部剖视，表达了齿轮油泵吸、压油工作原理及外部形状。

二、了解部件的装配关系和工作原理

泵体 6 的内腔容纳一对齿轮，将齿轮轴 2、传动齿轮轴 3 装入泵体后，由左端盖 1、右端盖 7 支承这一对齿轮轴旋转运动。由销 4 将左右端盖与泵体定位后，再用螺钉 15 连接。为防止泵体与泵盖结合面及齿轮轴伸出端漏油，分别用垫片 5 及密封圈 8、压盖 9、压盖螺母 10 密封。

图 10-38 反映部件吸、压油工作原理，当主动齿轮逆时针转动，从动齿轮顺时针转动时，齿轮啮合区右边的压力降低，油池中的油在大气压力作用下，从进油口进入泵腔内。随着齿轮的转动，齿槽中的油不断沿箭头方向被轮齿带到左边，高压油从出油口送到输油系统。

三、分析零件，拆画零件图

1. 对拆画零件图的要求

① 画图前，认真阅读装配图，了解设计意图，弄清楚工作原理、装配关系和每个零件的结构形状。

② 画图时，不但要从设计方面考虑零件的作用和要求，而且要从工艺方面考虑零件的制造和装配。

2. 零件分类

① 标准零件 列出标准件的汇总表，这些零件装配机器时直接购买，不必另行画图。

② 借用零件 借用定型产品零件的图样，不必另行画图。

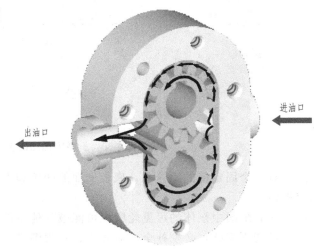

图 10-38 吸、压油工作原理

③ 特殊零件 特殊零件在设计说明书中附有其图样或数据，应按给出的图样或数据绘制零件图。

④ 一般零件 按照装配图所示形状、大小和有关的技术要求来画图，是拆画零件图的主要对象。

分析零件的关键是将零件从装配中分离出来，再通过投影想象形体，弄清零件的结构形状。下面以齿轮油泵中的泵体为例，说明分析和拆画零件的过程。

对部件中主要零件的结构形状作进一步分析，可加深对零件在装配体中的功能以及装配关系的理解，也为拆画零件图打下基础。在装配图中逐一对照各零件的投影轮廓进行分析，其中标准件是规定画法，垫片、密封圈、压盖和压盖螺母等零件形状都比较简单，不难看懂。分别分析出各零件，能如图 10-39 所示这样想象出形状。本例需要画的零件是泵体，要做重点分析。

3. 分离零件

根据剖面线的方向及视图间的投影关系，在主、左视图中分离出泵体的主要轮廓，如图 10-40 所示，外形和内腔都是长圆形，内腔容纳一对齿轮。前后锥台有进、出油口与内腔相通，泵体上有与左、右端盖连接用的螺钉孔和销孔。根据结构常识可知底板呈长方形，左、

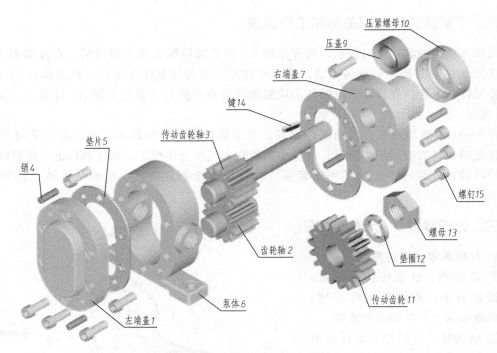

图 10-39　拆画零件图的主要对象

右两边各有一个固定用的螺栓孔，底板上面的凹坑和下面的凹槽用于减少加工面，使齿轮油泵固定平稳。

　　由于在装配图中泵体的可见轮廓线可能被其他零件（如螺钉、销等）遮挡，所以分离出来的图形可能不完整，必须补全。对照主、左视图进行分析，想象出泵体的整体形状。

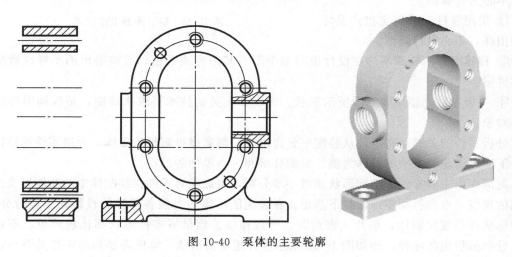

图 10-40　泵体的主要轮廓

4. 确定零件的表达方案

　　零件的视图表达应根据零件的结构形状确定，而不是从装配图中照抄。在装配图中，泵体的左视图反映了容纳一对齿轮的长圆形空腔相通的进、出油孔，同时也反映了销钉与螺钉的分布，以及底座上沉孔的形状。因此，画零件图时将这一方向作为泵体主视图的投影方向比较合适。装配图中省略未画出的工艺结构如倒角、退刀槽等，在拆画零件图时应按标准结构要素补全。

5. 零件图的尺寸标注

① 装配图上已注出的尺寸，在零件图上直接注出，如尺寸 $\phi16H7/f6$ 是传动齿轮轴与右端盖配合尺寸。

② 与标准件有关的尺寸（如螺纹尺寸），从相应标准中查取。

③ 在明细栏中给定的尺寸（如垫片厚度），按给定尺寸注写。

④ 根据装配图所给数据应进行计算的尺寸（如齿轮分度圆直径），计算后注写。

⑤ 相邻零件接触面尺寸及连接件的定位尺寸要协调一致。

⑥ 由标准规定的尺寸（如倒角、沉孔）从手册中查取。其他尺寸从装配图中按比例量取标注，注意尺寸数字要圆整。

6. 零件图的技术要求

零件的表面粗糙度、尺寸公差和几何公差等技术要求，要根据该零件在装配体中的功能以及该零件与其他零件的关系来确定。零件的其他技术要求可用文字注写在标题栏附近，如图 10-41 所示，为根据齿轮油泵装配图拆画的泵体零件图。

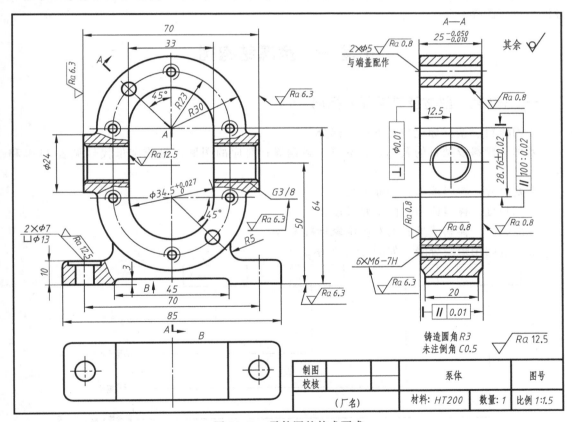

图 10-41 零件图的技术要求

项目十一

金属结构图、焊接图和展开图

金属结构件常用于建筑结构、造船和化工设备上。它是由钢材或型材通过焊接、螺栓连接、铆接的形式连接组成的。在各种连接中，焊接方式应用普遍，金属结构图的绘图原理和方法与机械图样一致。

主题一　金属结构图

一、棒料、型材及其断面的标记

常用棒料、型材标记包括下面几部分。

名称：棒料或型材的名称，如圆管、扁钢等；对应的图形代号或字母代号见表 11-1 和表 11-2。

必要尺寸：棒料或型材的断面尺寸。

切割长度：棒料或型材的下料长度。

标准编号：棒料或型材的对应国家标准编号。

各参数间用短画分隔，如图 11-1 所示。

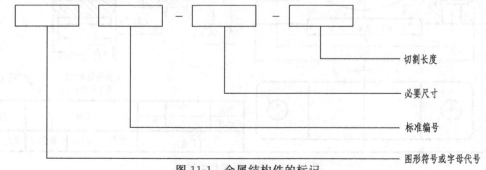

图 11-1　金属结构件的标记

二、标记示例

【例 11-1】　角钢，尺寸为 50mm×50mm，长度为 1000mm。

表 11-1　常用棒料图形符号和字母代号

棒料名称	图形符号	必要尺寸
扁矩形	▭	
空心矩管形		
方形	□	
空心方管形		
实心圆	⌀	
圆形管		
三角形	△	

续表

棒料名称	图形符号	必要尺寸
半圆形		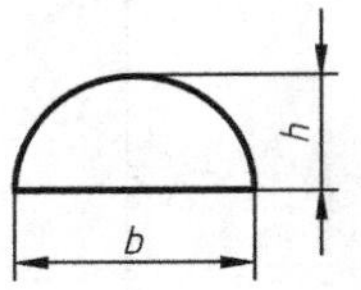
六角形		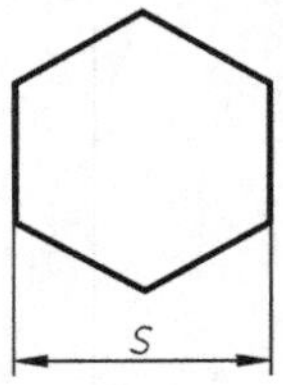
空心六角管形		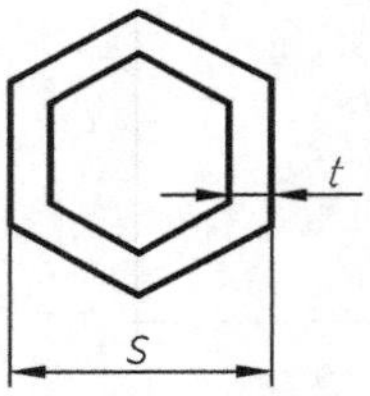

表 11-2　型材图形符号和字母代号

型材	图形符号	字母代号
T 型钢	 T	T
H 钢	 H	H
工字钢	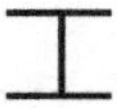 I	I
角钢	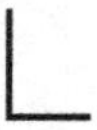 L	L
槽钢	 U	U
钢轨		
球头角钢		
球扁钢		

标记为：L50×50-1000 GB/T 9787-1988。

也可标记为：角钢 50×50-1000 GB/T 9787-1988。

【例 11-2】 方形冷弯空心型钢，尺寸为 120mm×5mm，长度为 600mm。

标记为：□120×5-600 GB/T 6728—2002。

也可标记为：方形冷弯空心型钢 120×5-600 GB/T 6728—2002。

主题二 焊 接 图

在机器制造中，经常需要将两个或多个零件连接起来。焊接就是一种较常用的不可拆的连接方法。焊接具有工艺简单、连接可靠、节省材料、劳动强度低等优点，所以应用日益广泛。

一、焊接方法及数字代号

焊接方法多种多样，常用的有手工电弧焊、电子束焊、电渣焊、埋弧焊等，其中以手工电弧焊应用最为广泛。焊接方法常在技术要求中标明，也可以用数字代号直接在图样中用指引线引出标注。常用焊接方法及数字代号见表 11-3。

表 11-3 常用焊接方法及数字代号

焊接方法	数字代号	焊接方法	数字代号
手工电弧焊	111	激光焊	751
电子束焊	76	点焊	21
电渣焊	72	硬钎焊	91
埋弧焊	12	氧-乙炔焊	311

二、焊缝符号及其标注方法

金属结构件被焊接后所形成的接缝称为焊缝。焊缝在图样上一般采用焊缝符号，焊缝符号是表示焊接方式、焊缝形式和焊缝尺寸等技术内容的符号。

根据国家标准规定，焊缝符号一般由基本符号和指引线两部分组成。必要时还可加辅助符号、补充符号和焊缝尺寸等。

1. 基本符号

基本符号是表示焊缝横断面形状的符号，它采用近似焊缝横断面形状的符号来表示，用粗实线绘制。表 11-4 为常见焊缝的基本符号及其标注示例。

表 11-4 常见焊缝的基本符号及其标注

名称	符号	示意图	图示法	标注方法
I 形焊缝	‖		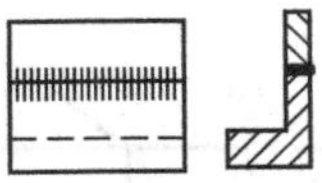	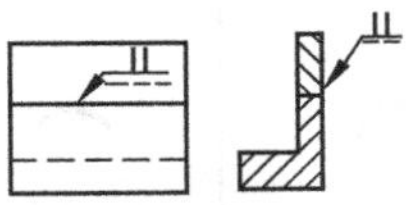

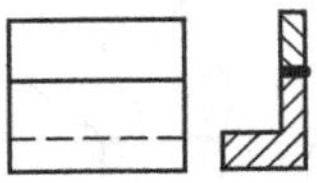

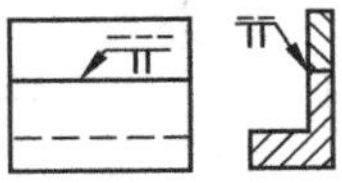

名称	符号	示意图	图示法	标注方法
V 形焊缝	V		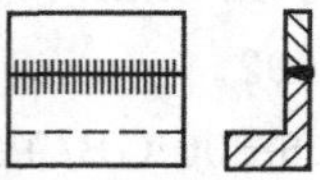	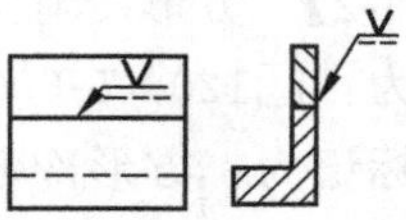
			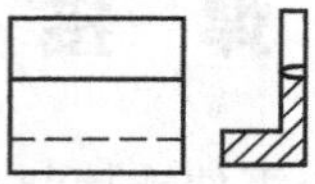	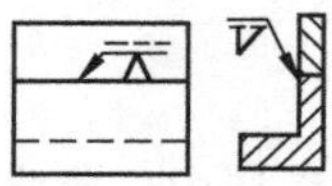
角焊缝	△	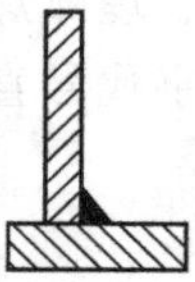	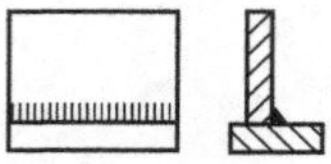	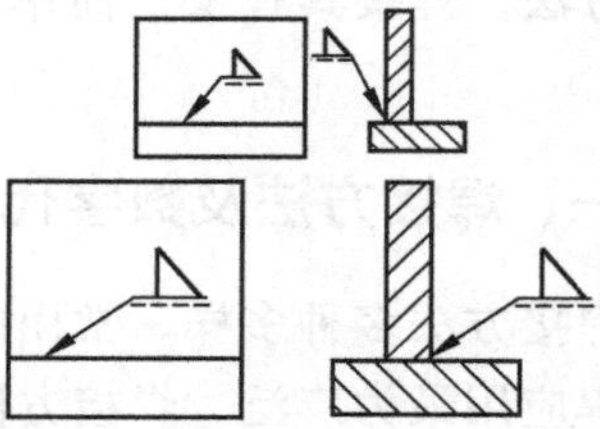
			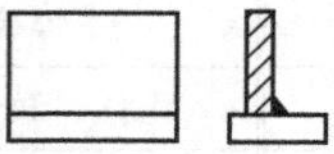	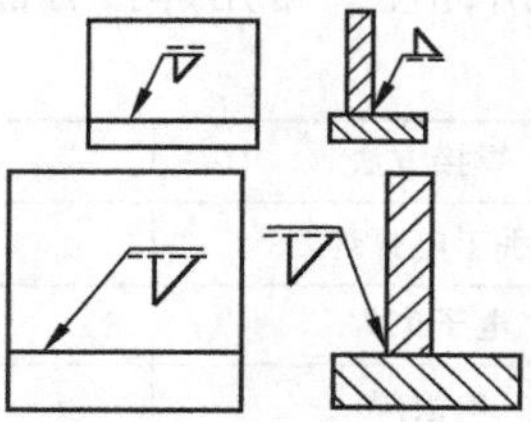
点焊缝	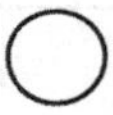 ○		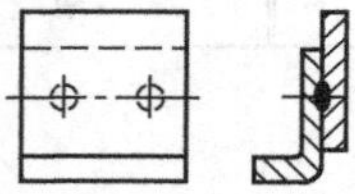	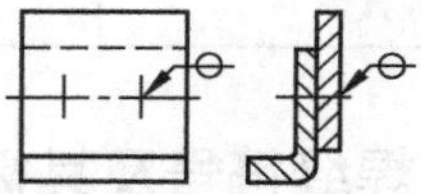

2. 辅助符号

焊缝的辅助符号是表示焊缝表面形状的符号，用粗实线绘制。它随基本符号标注在相应的位置上，若不需要确切地说明焊缝的表面形状时，可以不用辅助符号，辅助符号及标注示例见表 11-5。

表 11-5　辅助符号及其标注

名称	符号	示意图及标注实例	说明
凹面符号	⌣	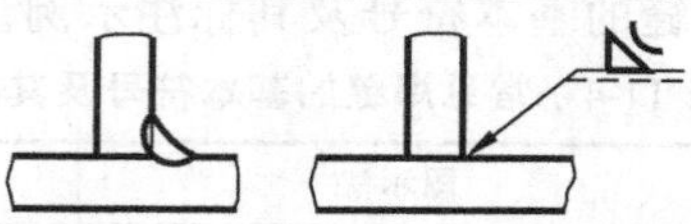	角焊缝表面凹陷
凸面符号	⌢	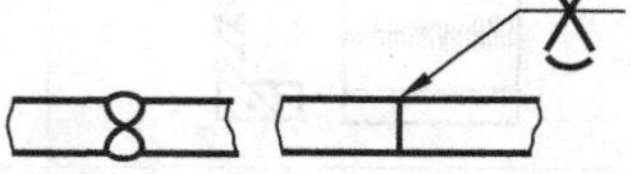	X 形焊缝表面凸起
平面符号	─	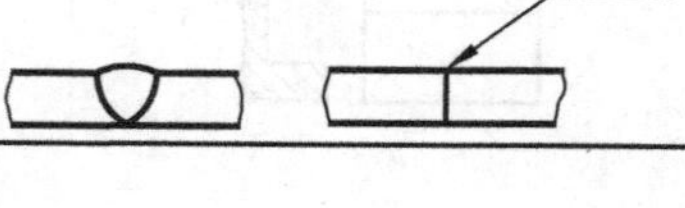	V 形对接焊缝表面平齐

3. 补充符号

焊缝的补充符号是为了补充说明焊缝的某些特征而采用的符号，用粗实线绘制。如果需要可随基本符号标注在相应的位置上，补充符号及标注方法见表11-6。

表 11-6　补充符号及标注方法

名称	符号	焊缝示意图及标注方法	说明
周围焊缝符号	○		工件四周施焊
三面焊缝符号	⊏		工件三面施焊，开口与实际方向相同
带垫板符号	⊏⊐		V形焊缝底部带垫板
现场符号	▶		现场焊接作业
尾部符号	＜		三条相同的焊缝

4. 指引线

指引线通常由带箭头的直线和两条基准线两部分组成，基准线一条为细实线，另一条是虚线，两条基准线要保持平行 ［图11-2（a）］。

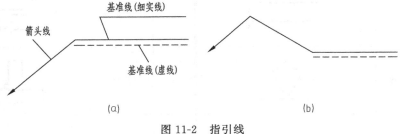

图 11-2　指引线

① 箭头线　用来把焊缝符号指到图样上的对应焊缝处，必要时箭头线允许弯折一次 ［图11-2（b）］。

② 基准线　基准线的上面和下面用来标注相关焊缝符号，基准线的虚线既可画在基准线实线的上侧，也可画在下侧。基准线一般应与图样的底边相平行。

5. 焊缝符号相对于基准线的位置

① 在标注焊缝符号时，如果箭头指向焊缝的施焊面，则焊缝符号标注在基准线的实线一侧，如图11-3所示。

② 如果箭头指向焊缝的施焊背面，则将焊缝符号标注在基准线的虚线一侧 ［图11-4（a）］。

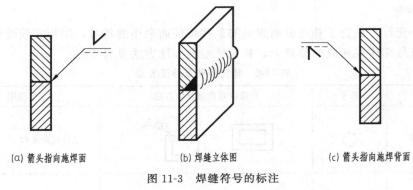

(a) 箭头指向施焊面　　　　　　(b) 焊缝立体图　　　　　　(c) 箭头指向施焊背面

图 11-3　焊缝符号的标注

③ 标注对称焊缝及双面焊缝时，基准线的虚线可省略不画 [图 11-4（b）]。

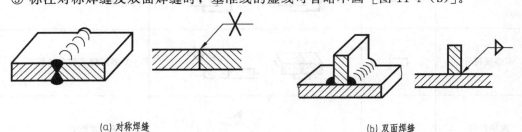

(a) 对称焊缝　　　　　　　　　　　　　　(b) 双面焊缝

图 11-4　基准线省略标注

6. 焊缝尺寸符号及其标注方法

焊缝尺寸在需要时才标注，标注时，随基本符号标注在规定的位置上，常用的焊缝尺寸符号和标注示例见表 11-7 和表 11-8。

表 11-7　常用的焊缝尺寸符号

符号	名称	示意图	符号	名称	示意图
δ	工件厚度		e	焊缝间距	
α	坡口角度		d	焊角尺寸	
b	根部间隙		R	根部半径	
p	钝边		l	焊缝长度	
c	焊缝宽度		n	焊缝段数	

表 11-8　常用的焊缝标注示例

接头形式	焊缝形式	标注示例	说明
T 形接头			表示单面角焊缝，焊脚尺寸为 k
对接接头			表示用手工电弧焊，带钝边 V 形焊缝，坡口角度为 a，钝边为 p，根部间隙为 b
角接接头			双面焊缝，上面为带钝边单边 V 形焊缝，坡口角度为 a，钝边为 p，间隙为 b，下面焊缝为角焊缝
搭接接头			O 表示点焊缝，d 表示焊点直径，e 表示焊点间距离，相同焊

三、读焊接图举例

读图 11-5 所示的轴承挂架焊接图。

从左视图可以看出，零件 1 为固定支架，零件 2、3 是为了增加承载能力的加强肋。

主视图上，焊缝符号表示立板与圆筒之间环绕圆筒周围进行焊接。表示角焊缝，其焊角高度为 4mm。两条箭头线表示所指处的两条焊缝的焊接要求相同。

左视图上，焊缝符号表示横板与肋板之间、肋板与圆筒之间均为双面连续角焊缝，焊角高度为 5mm。

图 11-5 所示的结构较简单，所以各个零件的规格大小可直接标注在视图上，或注写在明细栏内。若结构复杂，还需另外绘制各件的零件图。

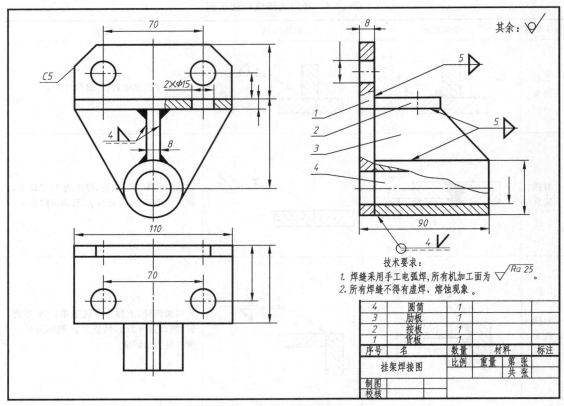

图 11-5　轴承挂架焊接图

主题三　展　开　图

在工业生产中，有很多设备和管件是由薄板制成的，例如火车槽车的储罐、较大的圆管弯头以及变形接头等。图 11-6 是一个由薄板制成的离心分集器，制造这类设备或管件时，首先按图纸要求在金属薄板上划线，画出表面展开图，然后下料弯成所需的形状，最后经焊铆工序加工而成。

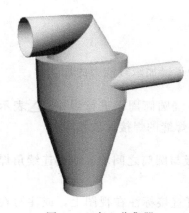

图 11-6　离心分集器

将工件各表面按等比例大小和形状依次连续地展开平铺在同一个平面上，称为工件的表面展开，展开所得图形称为展开图。

一、　平面立体制件的展开图画法

基本几何体有棱柱和棱锥，它们的共同点是表面均是平面，因此平面工件展开只要依次作出各表面的实形，并将它们连续地画在同一平面上，即可得到平面立体工件的展开图。

图 11-7 是斜口四棱柱管，为直四棱柱被正垂面截切，从工件立体图和主、俯视图中可以看出，各表面为长方形

和梯形，可直接量得其边长，作图比较简单，步骤如下。

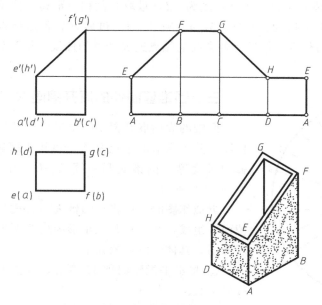

图 11-7　斜口四棱柱管的展开图

① 将四底边的实长展开成一条水平线，标出 A、B、C、D、A 各点。

② 过这些点作竖直线，根据工件的主、俯视图，在其上量取对应侧棱线的实长，即得各顶点 E、F、G、H、E。

③ 用直线依次连接各顶点，即为斜口四棱柱管的展开图。

二、圆管制件的展开图画法

被斜切的圆管是工程上常见的薄板制件，如图 11-8 所示。圆管被正垂面斜切后，表面轮廓素线的高度有了不同，但仍平行于轴线，轮廓素线的正面投影反映实长，斜截口展开后成为以最高轮廓素线为对称轴的光滑曲线，以下是斜截口圆管的作图步骤。

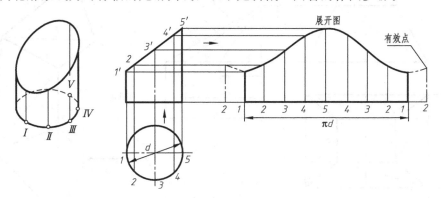

图 11-8　斜口圆管的展开图

① 在被截切的圆管俯视图上将圆周分成 8 等份，等分越多，展开图曲线越光滑，作图越准确，过各等分点作竖直线与主视图中截交线的投影相交，找出对应的投影点，在主视图

上作出相应素线的投影。

② 将底圆展开成一条直线，其长度为 πd，量取 8 段相等距离，使每段等于相应弧长的 1/18，得出展开后各点 1、2、3、4、5、4、3、2、1。过展开后各点作直线的垂线，并在垂线上量取相应素线的长度，最后将各素线的端点连成光滑的曲线，即为斜截口圆管的表面展开图。

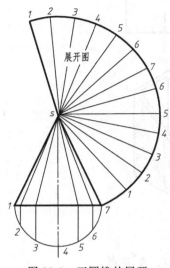

图 11-9　正圆锥的展开

三、圆锥管制件的展开图画法

圆锥的表面展开图是一个扇形，可计算出相应参数直接作图，其中扇形的半径 R 等于圆锥轮廓素线的长度，扇形圆弧的长度等于圆锥底圆的周长 πD，中心角 $\alpha = 180° D/R$，如图 11-9 所示。

近似作图时，可将正圆锥表面看成是由很多三角形（即棱面）组成，那么这些三角形的展开图近似地为锥管表面的展开图，具体作图步骤如下。

① 将水平投影圆周 12 等分，在正面投影图上作出相应投影 $s'1'$、$s'2'$……

② 以轮廓素线实长 $s'1'$ 为半径画弧，在圆弧上量取 12 段相等距离，此时以底圆上的分段弦长近似代替分段弧长，将首尾两点与圆心相连，即得正圆锥面的展开图。

四、变形管件的展开图画法

当几何体比较复杂，既不是柱体，又不是锥体时，可用三角形法展开。其展开原理：将几何体表面分割成一组或多组三角形，并分别求出各个三角形的实形，再依次把这些三角形展开画在一起，近似地代替几何体表面，即为展开图。

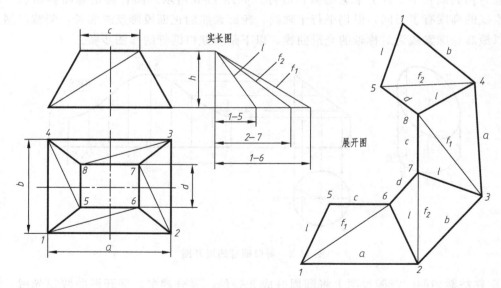

图 11-10　变形管件的展开图

其作图步骤：画出几何体的必要视图，用三角形分割几何体表面，求出三角形各边实长，依三角形次序画展开图。

如图 11-10 所示，利用三角形法展开正四棱锥筒。每个侧面用对角线分割成八个三角形，求出各对角线的实长，就可以依次画出各三角形。

五、球形曲面展开图画法

球体是不可展曲面，在两个方面都产生弯曲，不能展开成平面，但有可能作近似展开。如图 11-11 所示，将球体表面分割成若干块相同的小曲面，使每一个曲面成单向弯曲，这样就能作第一块曲面的展开图。然后号料、加工，拼接成完整的球面体。球面按经纬分割方式包括分瓣式和分带式两种。

1. 球面分瓣式展开

沿经线方向将球面分割成相同的若干瓣，每一瓣用平行线法展开，这是球体展开的一种形式，其具体步骤如下。

① 用已知尺寸和 12 块板料等分画出有极帽的主视图和 1/4 断面图。

② 把断面 4 等分为 1～5 圆弧，等分点分别为 1、2、3、4、5。在等分点向上引垂线得与结合线的交点。将主视图中投影圆的水平轴线延长，在延长线上量取 1/4 断面视图上弧长得到 0、1、2、3、4、5 各点，过各点作水平轴线的垂线，在垂线上分别量取上述各交点的弧长，并用光滑曲线连接各点可得分瓣展开图。

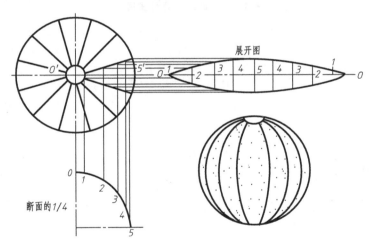

图 11-11　球面的分瓣展开

2. 球表面分带式展开

沿纬线方向分割球体表面，是展开球体的另一种常用方法。如图 11-12 所示，可将球表面分割成宽度相等的若干横带，横带数量根据球的直径而定。每节横带近似看作正圆锥台，然后用放射线法展开，其具体展开步骤如下。

① 用已知的球体直径画出主视图，在图圆周上分成 16 等分，即分成七条横带和两个球面的极帽，其中中间一条横带 V 看作一近似圆柱形，其展开图为长方形，其余横带作为近似圆锥台形，圆锥台的半径为 R_1、R_2、R_3。半径的求法：连接 12、23、34，并向上延长交竖直轴线于 O_1、O_2、O_3 得 R_1、R_2、R_3。

② 作展开，球顶的极帽展开是以 O 为圆心，以 R_0 为半径的圆，半径 R_0 是 $O1$ 弧长，

在过 O 点的竖直线上，12、23、34 是球面各等弧的弦长。以 2、3、4 点为原点，取 R_1、R_2、R_3 并向上截取得 O_1、O_2、O_3 点，再分别以 O_1、O_2、O_3 点为圆心到 1、2、3、4 点的距离为半径作圆弧，取各弧长对应等于球面各纬线为直径的纬圆周长，各扇形带即为所求各长条带的展开图。

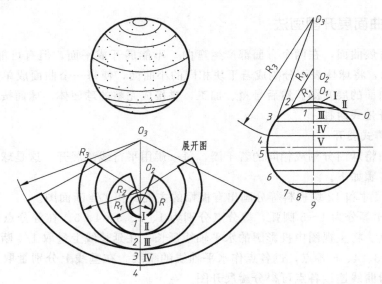

图 11-12　球面的分带式展开

参 考 文 献

[1] 果连成主编. 机械制图. 第 6 版. 北京：中国劳动社会保障出版社，2011.

[2] 何铭新主编. 机械制图. 第 5 版. 北京：高等教育出版社，2004.

[3] 全国职业教育规划教材编审委员会编写. 机械制图. 天津：南开大学出版社，2009.

[4] 王幼龙主编. 机械制图. 第 3 版. 北京：高等教育出版社，2007.

[5] 大连理工大学工程教研室编写. 机械制图. 第 4 版. 北京：高等教育出版社，1993.

[6] 人力资源和社会保障部教材办公室组织编写. 极限配合与技术测量基础. 第 4 版. 北京：中国劳动社会保障出版社，2011.